川端和治
Yoshiharu Kawabata

放送の自由

——その公共性を問う

岩波新書
1810

目　次

目　次

目　次

目　次

はじめに

変化する放送

放送が変わろうとしている。

いや、テレビ放送は一九五三年の放送開始以来、カラーテレビになり、多チャンネル化し、さらに地上波テレビのデジタル化によって高画質・高音質化してきた。4K・8K放送の開始によって一層の高細密画質・音声多チャンネル放送が実現している。その変化は技術の進歩がもたらす当然の結果にすぎないと言われるかもしれない。さらに言えば、テレビ放送が、その開始以来またたく間に家庭の団らんの中心になり、映画から娯楽の王者の座を奪い、マスメディアの頂点に永く君臨していたのに、家族生活のあり方など社会環境の変化によって、視聴率の低下とそれにともなう広告費の減少に苦しむようになっているという、テレビ放送の社会的な位置づけの変化も生じている。

だがここで述べたい変化は、そういう技術的な変化や社会環境の変化ではない。すべての放送の土台となっている制度そのものの変化についてである。その変化を促している原動力は、

「放送と通信の融合」とよばれる現象だが、技術的な進歩とそれがもたらす視聴の仕方の変化が、放送という社会的・文化的な制度も変化させようとしているのだ。

「放送と通信の融合」がもたらす変化

放送は、放送局が発する電波を多数の視聴者が直接受信機で同時受信する仕組みであり、無線通信技術の一態様である。一方、通信は、一般的には有線・無線を問わず電気通信を手段とする情報交換の仕組みである。伝統的には、通信が一対一の情報交換である点で放送と区別されてきた。近年よく言われている「放送と通信の融合」というのは、テレビの地上波放送がデジタル信号による送信となり、通信の側でも、インターネット通信がブロードバンド化(大容量・高速化)したことから生じた現象を指す。通信技術の進歩によって音声付き動画を高速で大量の受信者に同時送信できるようになったことから、従来は明確に異なっていたテレビ放送とインターネット通信が、相互に浸透しあって区切がなくなってきているのである。

放送側からの通信の領域への融合を象徴する一つの現象が、二〇一七年に定められたNHKの経営計画(二〇一八―二〇二〇)の重点方針の第一が「〝公共メディア〟への進化」とされたことである。NHKが、これまで公共放送として追求してきた「公共的価値」を実現するため、放送を太い幹としつつ、通信を含む「公共メディア」となることを目指すと宣言したのだ。その第一歩として、すべての放送番組のインターネットでの常時同時配信を可能にするための放送法改正が二〇一九年五月に実現した。

インターネット通信の側からの放送の領域への融合を象徴するのが、インターネット上でニュース、スポーツ、ドラマ、アニメなどの番組を多チャンネルで常時配信しているAbemaTVなどのインターネットテレビだ。しかも視聴者の側は、スマートフォンやタブレットなどの携帯端末で、YouTubeやNetflixなどの映像配信サービスを利用することが、特に若年層で普通になっている。二〇二〇年から使われ始める5G通信(第五世代移動通信システム)は、現在の4G通信とは比較にならない高速度・大容量の通信なので、携帯端末による番組視聴はますます便利で高度なものになり、利用者も増加するだろう。

その意味で、放送と通信の融合は、技術の進歩がもたらす必然的な変化だが、この変化は、現在放送法により規定されている放送という制度自体の変化ももたらすことにならざるを得ない。たとえば、NHKの常時同時配信の実現には放送法の改正が必要になった。広告料による放送というビジネスモデルや、県域免許制により設立された大多数のローカル局がキー局から多くの番組の提供を受けているため、キー局が番組をインターネットで常時同時配信をすれば打撃をうけるので、放送法上の制約はないにもかかわらず常時同時配信には消極的だった民放も、この新しい状況をふまえて、ローカル番組の充実と、インターネットを使ったその全国配信など新たな将来像を追求せざるを得なくなるだろう。

放送という社会的な制度

従来のテレビ放送とラジオ放送は、基本的にはそれぞれの放送局が放送する中身を制作し、それを電波に乗せて放送していた。その社会的な仕組みの全体を放送制度というが、この制度を構築し運用するためには、誰にどのような基準で電波の発信を認めるのか、その放送を継続的な事業として成り立たせるためにどのような仕組みを考えるのか、放送する内容についてどのような規制を、どのような方法で実行するのか、あるいはしないのかなどを定めることが必要になる。

放送は電波を使うために、誰でも自由に放送することを認めるわけにはいかないという技術的な制約があった。放送に適する電波の周波数は限られており、限られた電波を多くの放送に適切に割り当てるのでなければ、混信が起こって快適な視聴が不可能になる。言い換えれば、放送が使う電波は、広い範囲の人々にニュースや娯楽などさまざまな情報をそれに乗せて同時に届けることのできる手段となるという有用性をもつけれども、限られた資源であり、それをうまく使うためには公共の資産として適切に管理しなければならなかったということである。

そこで電波は国民の共有財産である公共財として国が管理することになっている。国の電波の管理方法については、電波の公平で能率的な利用を目的として「電波法」という法律が定められており、電波のうち放送に使う電波については、さらに「放送法」が、放送の目的や番組編集のあり方と、NHKや民間放送の仕組みなどを定めている。つまり、放送という制度は、電波法の土台の上に、放送法の定めとして構築されているのである。

放送法は、戦後新憲法が表現の自由を保障したのを受けて一九五〇年に制定された。この法律は、その後幾度も改正されたが、いずれも時代の変化に応じて放送という制度を整備するための改正である。その一方、放送の不偏不党、真実および自律を国が放送局に保障して放送による表現の自由を確保することを宣言するとともに、放送が民主主義の発達に資するようにすることを放送法の目的として定めた一条、番組編集の自由を保障した三条は、制定以来一度も改正されず、放送番組の編集の基準(番組編集準則)を定めた四条1項も、一九五九年にその1号に「善良な風俗を害しないこと」という文言が追加されたほかは、その内容はまったく改正されなかった。

これらの規定は、放送法の冒頭に置かれていることから判るとおり、放送という制度が、何を目的としてどのような内容の放送をすることを求めているのかを定めた条項であり、放送という制度の根幹となっている。

急激に進む検討と見送られた番組内容規制撤廃

放送制度改変の議論は、電波の有効利用というテーマから出発した。二〇一七年に規制改革推進会議が「規制改革推進に関する第2次答申」を行い、電波制度改革についてもとりまとめた。ここで、さまざまなモノがインターネットにつながって使われるIoT(Internet of Things)や、車の自動走行など、新たな製品・サービスを支える重要なインフラが電波であり、電波利用ニーズの高度化・拡大に対応するために有限希少な国民の共用財産である電波のさらなる有効利用を図ることが重要であるとされた。そして、放送用の帯域のさらなる有効利用について総務省が検討することとされ、また規制改革推進会議でも継続して検討するとされた。

議論の場が規制改革推進会議だったので、このとき主として意識されていたのは、電波として使い勝手が良いとされるUHF(極超短波)の帯域の中でテレビ放送が独占しているのに有効活用されていない部分があることを問題視し、これを開放して新規事業者に渡すことによって新たなビジネスを創出し、経済を発展させるという産業振興政策的な発想だったと思われる。

総務省は、総務大臣の懇談会でありNHKと民放の常時同時配信などを検討していた「放送を巡る諸課題に関する検討会」の下に「放送サービスの未来像を見据えた周波数有効活用に関する検討分科会」を二〇一八年一月に設置し、放送の将来動向とそれを踏まえた放送用の周波数の有効活用のあり方について検討を開始した。一方、規制改革推進会議は「投資等ワーキング・グループ」で通信・放送の融合の下でのビジネスモデルなどの検討を継続した。

そのさなか、二〇一八年三月に共同通信が、首相官邸が水面下で用意しているという放送制度改革案についてスクープした。共同通信によれば、インターネット通信と放送で異なる現行規制を一本化し、放送局に政治的公平性などを義務づけた放送法四条を撤廃するが、NHKには維持する、放送に認められた簡便な著作権処理を通信にも適用する、NHKが番組をインターネットで常時同時配信することを認める、通信設備などのハード事業と番組制作などのソフト事業の分離を徹底する、などの内容を記載した内部文書があるというのである。

規制のない通信に合わせて放送法の規制規定を撤廃するという方針については、安倍晋三首相の意向を反映するものと受け取られた。安倍首相は二〇一七年秋の総選挙の公示二日前にAbemaTVに出演したが、このインターネット放送出演体験を踏まえて、二〇一八年一月末から、放送事業のあり方の見直しが必要だとの発言を繰り返していたからである。翌二月の衆議院予算委員会でも「技術革新によって通信と放送の垣根がなくなる中、国民共有財産である電波を有効活用するため、放送事業のあり方の大胆な見直しが必要だと考えています」と述べた。このとき安倍首相は「インターネットについて新たな規制を導入することは全く考えていない」とも明言したので、放送法の番組内容規制を通信に合わせて改正するというのが首相の意向であったと思われる。

ただ、共同電は放送法四条の撤廃のみを報じているが、その後明らかになった官邸内部作成の文書によれば、各放送局が番組基準を定めて公表し、それに従って番組の編集をしなければならないと定めた五条、放送番組審議機関を設置して番組基準の制定・変更の際には諮問しなければならないなどと定めた六条、番組調和原則(七四頁、一〇九頁参照)を定めた一〇六条1項、マスメディア集中排除原則(六二頁参照)や外資規制を定めた九三条1項なども、通信にはない規制として廃止の対象になっている。

しかし、この方針が報じられると、民間放送の側がこぞって反対を表明し、新聞各紙も厳しく批判した。次期民放連会長となることが決定していた日本テレビ大久保好男社長は三月の定例記者会見で「仮に報道通りの内容であるならば、民放事業者は不要だと言っているのに等しく、とても容認できない」「放送が果たしてきた公共的、社会的な役割について考慮がなされていない」「何の規制もないネットと同様のコンテンツが放送に流れた場合の社会的影響の大きさを考えると、間違った方向の改革ではないかと思わざるを得ない」とコメントした。

また、放送法を所管する総務省が、必ずしも四条撤廃を唱える首相官邸と足並みをそろえているわけでないことが、三月二二日の野田聖子総務大臣の衆議院総務委員会における答弁で明らかになった。野田総務大臣は「放送事業者は、四条を含めた放送法の枠組みの中で、自主自律によって放送番組を編集することにより、重要な社会的役割を果たしていただいてきた」

「四条の中には(中略)非常に重要なことがございまして、むしろこれを多くの国民が今こそ求めておられるのではないか」「そういうことがなくなった場合は、この四つ(註:放送法四条1項1号~4号)の定めるところの一つである、公序良俗を害するような番組とか事実に基づかない報道が増加するということの可能性が考えられる」と述べたのである。

そのためか、六月四日に開催された規制改革推進会議で決定された第三次答申では、放送をめぐる規制改革が論じられ、インターネット同時配信の推進、通信・放送の枠を超えたプラットフォーム・配信基盤の構築などいくつかの方向が示されたが、放送法四条にはまったく言及されなかった。ただ「平成三一年内に実施」とされた「その他」の項目で、改革に関する意見の中に放送法などの規制制度のあり方についての意見があったことが紹介され、放送のあるべき姿を実現する観点から、放送政策のあり方について総合的に点検を行うものとされたのである。

七月一三日に開催された総務省の「放送を巡る諸課題に関する検討会」で、「放送サービスの未来像を見据えた周波数有効活用に関する検討分科会」の報告書は、NHKのインターネット常時同時配信の合理性・妥当性を認めると共にガバナンス改革などを求める新たな時代の公共放送のあり方についての報告と合わせて「第二次取りまとめ」として決定され、公表された。この報告書では、「第4章　放送の社会的役割」の中の現状についての基本的な考え方の項で、

NHKと民間放送が公共的役割を担っていることが指摘され、放送法の規定が「放送事業者の自主自律により番組編集を行うことによって、国民・視聴者に対し基本的な情報を提供することを可能とし、それにより、個人の自律の促進と民主主義の発達に寄与してきた」と記載されており、むしろ現在の放送制度を評価するものとなっていることが注目される。

結局、放送法四条の撤廃を焦点とした放送制度の改革については、今後の検討に委ねられることになった。

放送法四条1項とはいかなる規定なのか

実は、放送法四条1項については、以前からさまざまな議論がなされてきており、それがどのようなものであったのかについて理解しなければ、なぜこの問題がこれほど騒がれたのかを理解できないであろう。

そこでまず放送法四条1項がどのような条文で、それはどのような意味を放送に対してもっているのかを述べておくことにしよう。

放送法四条1項
放送事業者は、国内放送及び内外放送(以下「国内放送等」という。)の放送番組の編集に当たっては、次の各号の定めるところによらなければならない。
1　公安及び善良な風俗を害しないこと。
2　政治的に公平であること。
3　報道は事実をまげないですること。
4　意見が対立している問題については、できるだけ多くの角度から論点を明らかにすること。

この四条1項は、番組編集準則と呼ばれており、これだけを抜き出して読めば、放送番組を制作し放送する者に対して、1号から4号までの規定を守って編集することを義務づけたものと思われるであろう。政府も、現在そのように解釈し、これに違反した番組を放送した放送局に注意や警告の行政指導を行っている。しかもこの番組編集準則違反は、放送法違反として電波法七六条が定める停波処分などの処分の対象となるとしている。

これに対して、BPO（放送倫理・番組向上機構、第3部第2章参照）の放送倫理検証委員会は、二〇一五年NHK「クローズアップ現代」〝出家詐欺〟報道（多重債務者が、出家すると法名を授けられ、戸籍上の名を変えられることを利用して、別人として融資を受ける詐欺が行われているという報道）に関する意見で、番組編集準則は、行政指導や電波法七六条の処分によって強制することはできない「倫理規範」であり、そう解釈しなければ憲法二一条の表現の自由の保障に反すると述べて、大きな反響を呼んだ。実はほとんどの研究者も同じ見解であるうえに、これは放送法立法時から一九九三年まで政府自身が国会で表明していた解釈なのである。

日本の放送制度は、敗戦と連合国軍による占領という特異な歴史を背景に、表現の自由の尊重のための自主・自律の制度として成立しており、そのとき据えられた基礎が、その後のテレビ放送の急激な発展にもかかわらず生き残っている。これまでの歴史的展開と政府解釈の変更の経緯を知らなければ、安倍官邸のドラスティックな提案の意味や意図を正確に理解することはできないだろう。

したがって本書では、まず第1部として「放送制度の歴史と放送の自由」について述べることにしたい。戦前の不自由な放送とそれがもたらした悲惨な結果から出発して、連合国軍最高司令官総司令部(GHQ)の指導の下に、どのようにして一九五〇年の放送法・電波法・電波監理委員会設置法に至ったのか、その後のテレビ放送の開始とそれがもたらした熱狂と厳しい批判により放送制度がどう変わり、あるいは変わらなかったのか、放送は政治とどのように関わってきたのか、その結果、どのような放送制度が成立し、どのような問題をかかえて現在に至っているのか、について、まず紹介することにする。

第2部では、その放送制度についての法的な評価を「憲法から見た放送の自由」として紹介する。まず、放送による表現の自由とは一体どのようなもので、それはなぜ憲法により保障されているのかを平易に紹介し、ついで、放送法の具体的条文に則した議論から、それが、あくまで自主的・自律的な番組内容の規律の法として立法されていることを明らかにしたい。そのうえで、これまでの最高裁判所判例から、司法が放送制度をどのようなものとして理解しているのかを探ることとする。

第3部では、「自主・自律の放送倫理の実践」として、各放送局の番組審議会とBPOが、放送倫理の確立のために果たしている役割を紹介し、BPOについては、これまで具体的な番組について示してきた放送倫理に関する見解を紹介する。そして、この日本の制度を、欧米民主主義国の制度との対比で検討することとする。

最後に「おわりに　放送の自由のこれから」として、放送と通信の融合の帰結がどのような放送制度をもたらす可能性があるのかを検討して、その問題点を探ることにしたい。

なお、二〇一〇年の放送法改正の結果、放送の定義は「公衆によって直接受信されることを目的とする無線通信の送信」から「公衆によって直接受信されることを目的とする電気通信の送信」に変更され、無線電波にのせることは放送の要件ではなくなった。またこのときの改正で、従来どおり周波数の割り当てを受けて無線電波による放送を行う局は、総務大臣の認定を受けたうえで基幹放送局という新しいカテゴリーに属することになった。しかし、従来のテレビ局はすべて基幹放送局の認定を受け、実質的には何も変化がなかったので、本書では、二〇一〇年以後もテレビ局という用語を使用することにする。また、文中の敬称は原則として省略する。

第1部　放送制度の歴史と放送の自由

序　章　放送のはじまりと不自由な放送がもたらしたもの

無線電信から放送へ

日本では、はじめ電波は軍事用のものであり、国の専有物だった。一八九五年にイタリア人マルコーニが電波による無線電信の実験に成功したが、その直後から日本でも研究が行われ、海軍の艦艇に日本独自の方式による無線電信機が装備された。一九〇五年には、日露戦争の日本海海戦でバルチック艦隊発見の第一報が無線電信で伝えられた。一九〇〇年に、無線電信はもっぱら政府が行い私設は一切認めないという法規制がなされた。

一九一二年にタイタニック号が沈没したことが契機となり、一九一四年に開催された海上生命保全に関する列国会議で、五〇人以上の乗員・乗客を運送する外国航路船に無線電信の設備を設置することが定められた。政府としても民間の船舶に私設の無線局を設置することを認めざるを得なくなり、翌一九一五年に「無線電信法」が立法された。その一条で「無線電信及無線電話ハ政府之ヲ管掌ス」と、政府の無線電信・電話に対する専管を定めたうえで、二条で、その例外として航行の安全目的の船舶無線施設など六種類に限って、無線電信・電話施設を民間で設けることを認めたのである。無線電話は、多数の受信機に向けて同時に送信すればラジオ放送となるので、これは放送への第一歩であった。

ラジオ放送のはじまり

一九二三年九月一日、マグニチュード7・9の関東大震災が発生した。この第一報は船舶無線で大阪に伝えられ、また米国へも発信された。この震災では流言飛語がとびかい、自警団による多数の朝鮮人虐殺なども行われた。行方不明の家族の所在確認も張り紙などに頼らざるを得なかった。電波で情報を一斉に伝達できるラジオ放送の価値が改めて認識され、放送事業開始の要望が急速に高まった。その要望を受けて、一二月に「放送用私設無線電話規則」が制定施行され、放送用の私設無線電話についての定めがなされた。

この規則は、無線電信法二条の例外規定を利用して逓信省令として定められた。放送だけの特別法を作るとなると、放送番組内容の思想取締りなど内務省や陸海軍両省との間でその所轄や権限について軋轢《あつれき》や争いが起こることが予想されたので、それを避けるため逓信省令で定めることとしたのである。

一九二四年逓信省は、東京、大阪、名古屋の三都市に限り放送局を一局ずつ許可するという方針を決め、東京と名古屋では申請者の統合が順調に進んだが、大阪では紛糾した。時の逓信大臣犬養毅《いぬかいつよし》は、大阪で紛糾が続くのは放送がもうかる企業だと思っているからだろう、これをもうからぬ事業にすれば解決すると決断して、従来の方針を改め、営利企業ではなく公益法人に許可することにした。公益法人への方針転換は、放送事業に対する逓信省の監督支配を確実にする効果があった。

一九二五年二月、東京放送局は聴取者の加入受付を開始し、三月二二日ＪＯＡＫのコールサインで正式の放送が開始された。大阪放送局、名古屋放送局もこの年相次いで放送を開始した。東京放送局の聴取契約数は、正式放送開始から半年で一〇万件を突破した。

日本放送協会の成立

ところが逓信省は、はやくも翌一九二六年にこの三公益法人を解散させ、新たに単一の事業体によって放送事業を行わせるという方針を決定した。その理由として逓信省が挙げたのは、ラジオ放送の特長は国民全体に社会の最良最適なところを一様に享受させることにあるから、各放送局の全国中継網を作る必要があるということだった。そのためには巨額の費用が必要であり、全日本を包括する一大事業組織を創成し、既設の放送局はこれに全面的に参与して、資金・信用・経験を傾け一致協力する以外にないというのである。

これは、放送事業の成否について確信がなく、まず様子見をしていた政府が、国民のラジオ熱、技術の急速な進歩、諸外国での大電力放送所の誕生と全国放送網設置という趨勢、実験放送と本放送の実績などを目の当たりにして、放送のもつ強い伝播力と影響力を政府が握る意義を認識したことによるものであろう。政府は、全国規模の放送網設置が国民統合と産業振興の手段となることを理解し、その実現を急ぐことにしたのである。

この突然の転換に、当然既存の三放送局は反対したが、逓信省は、放送は国家事業であるとして押し切り、一九二六年、公益社団法人「日本放送協会」の設立を許可した。その際、毎期の事業計画・収支予算、借入金は逓信大臣の認可を受けること、役員の報酬・選任・変更は逓信大臣の認可を受けることなどを命令し、また本部と各地方支部の常務理事に逓信省出身者を八人送り込んで、事実上の支配権を確立した。

不自由な放送

本放送開始に先立って、一九二四年には「放送用私設無線電話監督事務処理細則」が定められていた。この細則では、ニュース、講演、音楽などは、その内容の概略、氏名、時刻、所要時間を遅くとも放送前に届出するものとされ、音楽その他の娯楽放送は、原則として日曜、祝祭日および夜間に限り、野卑猥雑に流れないこととされた。さらに出版法、新聞紙法によって出版、掲載を禁じられた事項は放送禁止とされた。なお出版法、新聞紙法による禁止事項は、安寧秩序を乱したりまたは風俗を害する事項や、犯罪を扇動する事項、皇室の尊厳を冒瀆する事項（ただし、この事項が出版法に追加されたのは一九三四年改正時）、政体を変壊したり国憲を紊乱《びんらん》する事項などであり、発行または出版の差し止めだけではなく、刑罰に処することもできた。

さらに一九二五年の「放送事項取締りに関する電務局長通達」では、特に厳重な取締りを要する事項として、①安寧秩序を害しまたは風俗を乱す事項、②外交または軍事の機密に関する事項、③官公署・議会において公にせざる事項、などが挙げられ、所轄逓信局長が放送中止を命じたときは直ちに電源を遮断するものとされた。

このように、法律の定めもその委任もないのに、放送内容の規制を逓信省の規則や細則、はては通達で命令することができたのは、電波は国家のものであるとされていたことによる。その例外として放送に使用することを特に認めたにすぎないので、その使用方法は政府が自由に定めることができるとされたのである。

ただし、放送中止などの行政的な規制に止まらず禁止事項違反を刑罰に処するようにするためには明治憲法下でも法律が必要であり、一九二九年に無線電信法が改正され、「公安ヲ妨害シ又ハ風俗ヲ壊乱スル」放送の停止命令と発信者の処罰規定が付加された。

「放送用私設無線電話監督事務処理細則」は、一九三〇年に全面的に改正された。この改正で放送禁止とされたのは、①政治上の講演または議論と認める事項、②治安、風教上悪影響を及ぼすおそれがある事項、など七項目であった。各地の逓信局と放送局は直通電話で結び、放送中は放送主任者が監視し、逓信省の命令あるときや、関係官公署から緊急の依頼あるときは、直ちに放送を遮断するものとされた。

放送検閲の実情

このころの放送に対する検閲の実情はどのようなものであったのか、いくつかの実例を紹介しよう(以下は、竹山昭子「放送――「政府之ヲ管掌ス」」南博・社会心理研究所『昭和文化１９２５―１９４５』三二一―三五七頁による)。

東京日日新聞モスコー特派員馬場秀夫氏が『ロシアより帰りて』という題で、スターリン治世下赤色ロシアの婦人の偽らざる日常生活を語るはずだったが放送禁止になった。勝太郎の十八番『島の娘』〝娘十六恋心　人目しのんで　主《ぬし》と一夜《ひとよ》の仇《あだ》なさけ〟の放送が風教上よろしくないと禁止された。

議会の中継放送は総理大臣の施政方針演説であっても許されず、一九三六年の二・二六事件や一九三七年の盧溝橋《ろこうきょう》事件のような、歴史を変えた重大事件についても事件勃発時のニュース放送が差し止められた。

ていたことにも留意する必要があるだろう。

なお、放送は単に統制に服したのではなく、逆に軍の情報宣伝活動に貢献する役割を果たしていたことにも留意する必要があるだろう。

二・二六事件では、有名な『兵ニ告グ』の放送で、「今からでも決して遅くはないから、直ちに抵抗をやめて軍旗の下に復帰する様にせよ」という戒厳司令官の反乱軍に対する降伏の呼びかけを行った。

一九三三年、関東軍参謀長は日本放送協会会長に、軍の軍事行動の速報と宣伝に寄与して、満蒙経営に関する国論の統一に資し、国策の遂行に貢献したとして、感謝状を贈っている(津金澤聰廣「〈研究ノート〉初期普及段階における放送統制とラジオ論」『関西学院大学社会学部紀要』六三号、八九〇頁)。

戦争のはじまりと戦時の放送体制

一九三一年に満州事変が起こり、一九三七年には盧溝橋事件が拡大して「支那事変」(日中戦争)となった。そして一九四一年には太平洋戦争が開始された。日本は軍の主導による総力戦に突入していったのであるが、当然、放送もその一翼を担うことになった。

日本放送協会では逓信省の指導のもとに組織改革が行われた。一九三四年会長直属の放送編成会が設けられ、全国の放送番組の企画・編成を一元的に行うようになった。定時総会に出席した逓信省電務局長は〝日本精神〟を基調とする日本文化育成を編成の指針とするよう要望した。

放送の全国一元化、中央集権化はナチスの放送制度政策を参考にしたものと言われている。ナチスは政権獲得後「国民啓蒙宣伝省」を新設し、ゲッベルスが大臣に任命され、この省がラジオ放送を監督した。そしてナチスの思想と政策を放送によって国民に浸透させていったのであるが、この状況は逐一日本に紹介され、参照されていたのである。

政府の側では、一九三六年、内閣情報委員会が発足した。これは政府の情報機関、情報統制機関を一元化して、内閣直属の機関で国策宣伝、国論統一を行おうとしたものである。一九三七年、この委員会は内閣情報部になり、一九三九年には日本放送協会に内閣情報部情報官が加わる「時局放送企画協議会」を設けさせた。

さらに一九四〇年、内閣情報部は、外務省情報部、陸軍省情報部、海軍省海事軍事普及部および内務省警保局図書課の事務を統合して情報局となり、内閣総理大臣の下で、国策遂行の基礎に関する情報収集と報道および啓発宣伝を司ることになった。以後、新聞・出版についての国家総動員法による処分、放送事項の指導と取締り、映画・演劇その他に関する国策遂行上必要な事項の指導と取締りは、すべて情報局が行った。情報局は、放送指導の基本方針として、高度国防国家建設に必要な国民意識、志操の涵養、実践手段の向上を図り、海外放送を重視する、と定めた。

太平洋戦争の開始と戦争遂行の手段となった放送

一九四一年一二月八日午前七時、臨時ニュースが「帝国陸海軍は、本八日未明、西太平洋においてアメリカ、イギリス軍と戦闘状態に入れり」と告げ、受信機のスイッチを切らないよう要請した。午前一一時三〇分には、軍艦行進曲に続いて真珠湾奇襲作戦の成功が報じられ、正午には米英両国に対する「宣戦の詔書」と東条英機首相の「大詔を拝し奉りて」が放送された。午後零時すぎにはマレー半島上陸作戦の成功が報じられた。午後六時、情報局宮本課長は「政府は放送によりまして、国民の方々に対し、国家の赴くところ、国民の進むべきところをハッキリお伝えします。どうかラジオの前にお集まりください」と放送した。言われるまでもなく国民は終日ラジオの前に釘付けになった。

この日、情報局は、新聞・通信社に「戦況並びに推移に関しては、彼我の状況を含み、大本営の許可したるもの以外は一切報道禁止」と通達し、放送番組はこれを基準にして編成された。一方で、積極的に放送すべき事項も指示された。同じ日に、情報局は「日英米戦争ニ対スル情報宣伝方策大綱」に、放送による世論指導の基本方針として、①日本の生存と権威の確保のために、やむを得ず立ち上がった戦争であること、②戦争発生の真因は敵側の利己的な世界制覇の野望にあること、③世界の新秩序は八紘一宇《はっこういちう》の理想に立ち、万邦おのおのその所を得せしむるにあること、という三点を定めた。なお、「八紘一宇」とは、古事記にある言葉から当時作られた大東亜共栄圏建設の政治的スローガンであり、世界(八紘)を一つの家(一宇)にするという意味である。

日本放送協会会長小森七郎は、全職員に対して、我々のすべてを捧げて報国の誠を尽くすべきときが今こそ来た、今日より滅私奉公の大精神に徹して放送報国の大使命に全力を挙げて邁進していただきたい、と訓示した。

一九四二年二月、情報局は「戦争下の国内放送の基本方策」を通達し、「放送の全機能を挙げて大東亜戦争完遂に邁進す」とした。以後放送は、もっぱら、戦意高揚のための政府と軍のプロパガンダの手段となった。

戦意高揚放送

放送は、一つの番組内容が同時に多数の人々の耳に直接入るという特性を持っている。政府がこれを政府の政策の啓蒙・宣伝手段として用いれば、その浸透力は圧倒的なものとなる。

毎晩七時三〇分から「国民に告ぐ」という戦時政策についての講演放送があり、政府や軍の要人が、戦争の意義や使命、大東亜共栄圏、総力戦、国民の覚悟、必勝の信念について説いた。

毎朝七時三〇分からは「国民の誓」が、午後六時三〇分からは「我らの決意」が放送され、民間の識者や一般国民が大戦下の決意を表明した。「海ゆかば」の曲と共に真珠湾攻撃の際の特殊潜航艇攻撃での戦死が発表され、英雄的な特攻行為が賞賛された。

これらの放送によって「一億一心」の精神が醸成されたのである。

相次ぐ戦勝の報道に国民は熱狂し、ラジオの聴取契約数は一九四二年三月には六二一万件となった。ラジオ放送は、家族、職場同僚や、近所の住民が集団で聴くことが多かったので、これは放送が国民に行き渡ったことを意味していた。

虚偽と捏造の大本営発表

開戦当初は連戦連勝の勢いであったので、勇ましい軍艦マーチと共に放送された大本営発表も、一九四二年四月の最初の空襲被害を除き正確だった。それが大きく変わったのは、一九四二年六月のミッドウェー海戦からのことである。太平洋戦争における戦局の転換点となったこの海戦で、日本軍は、主力空母四隻を失うなど大敗北を喫したが、これを大本営は、米空母二隻撃沈、日本軍側の損害は空母一隻喪失などと、戦闘の勝敗をまるで逆にする発表をしたのである。

ミッドウェー海戦の後は、戦局が逆転することはなかった。米軍は八月にソロモン群島ガダルカナル島に上陸し、以後一九四三年二月に日本軍が撤退するまで、激しい戦闘が続いた。戦死、餓死二万五〇〇〇人という悲惨な敗北を喫し、日本軍はガダルカナル島から撤退したが、大本営はこの撤退を、目的を達成したので「転進」したと発表した。戦死者も米軍が二万五〇〇〇人で日本軍は一万六〇〇〇人余と虚偽発表した。

大本営がこのような捏造と虚偽の発表を繰り返すことができたのは、それを監視し、真実を追求するべき報道陣が、軍と一体化して批判精神を喪失していたからである。放送はすでに政府の直接支配下にあって、その意思を国民に伝達するだけの国策放送装置となっていたが、新聞も自らすすんで軍と癒着して一体化した。華々しい緒戦の戦勝報道が国民を熱狂させ、販売部数の拡大に直結したので、各社とも大量の従軍記者を前線に送り込んだが、そのためには軍の協力が不可欠だった。しかも、新聞は戦時統制下の新聞紙の供給という命綱を、それを所轄する情報局に握られていた。その癒着ぶりを象徴するエピソードとして、辻田真佐憲の『大本営発表――改竄・隠蔽・捏造の太平洋戦争』(一四六頁)は、報道部の軍人や新聞記者の回想録を引用して、新聞各社が競って大本営報道部幹部を料亭の宴席に誘い続けたため、大本営報道部は宴会疲れしていたと伝えている。これでは批判的な報道は期待する方が無理であった。

大本営発表では、トータルすると、日本軍の空母一五隻、戦艦五隻の喪失が隠蔽された。逆に連合軍に与えた損害は、空母一一隻が八四隻に、戦艦四隻が四三隻に水増しされた(前掲『大

本営発表――改竄・隠蔽・捏造の太平洋戦争』二五〇頁）。

「玉音放送」による終戦

一九四五年三月一〇日には東京大空襲により七万六〇〇〇人余の死者、約八三万人の被災者が生じた。続いて、名古屋、大阪、神戸など全国の都市がB－29の大編隊によって空襲され、焼き尽くされたが、政府の発表は「市街家屋に多大の損害発生せるも、官民の敢闘により鎮火せり」というだけであった。

ラジオは、空襲警報とその解除を知るための必需品となり、ラジオ聴取契約数も一九四五年三月に七四〇万件を突破した。しかし資材の不足から受信機の生産が激減したため極端な品不足となり、さらに空襲による受信機の喪失や大都市からの疎開が急増したことで、以後契約数は急激に減少した。

六月二三日、三カ月に及んだ沖縄の戦いは終わり、七月二六日、無条件降伏を迫る「ポツダム宣言」が発表された。これに対して七月二八日「これを黙殺するとともに、断固聖戦完遂に邁進するのみ」という鈴木貫太郎首相の談話が放送された。

八月六日、広島に原爆が投下され、八月九日には長崎に原爆が投下されると共に、ソビエト連邦が対日宣戦布告をして戦車部隊が満州に侵入した。

御前会議が開かれ、一〇日午前二時「これ以上戦争を継続することは、日本国を滅亡せしむる」ので戦争を終結するという天皇の決断が下された。一四日の御前会議で天皇が無条件降伏の最終決定を下し、午後一一時ポツダム宣言受諾の詔書が発布された。そのあと、天皇はマイクの前に立って終戦の詔書を読み上げて録音した。

無条件降伏に反対する陸軍強硬派は、反乱を起こしてこの録音の放送を阻止しようとしたが失敗した。「玉音放送」は予定どおり八月一五日正午から行われた。国民は、初めて聞く天皇の肉声によって、ポツダム宣言受諾による無条件降伏を知った。ラジオ放送の、多数に情報を一斉に伝えて浸透させるという機能が、このとき最大限に発揮されたのである。

第１章　占領下の放送法誕生――新憲法制定と電波三法

占領軍による検閲

日本が受諾したポツダム宣言は「言論、宗教及び思想の自由並びに基本的人権の尊重は確立せらるべし」とうたっていた。しかし占領軍は真っ先に通信施設とその運用の保全を命じた後、その内容の検閲を開始した。

一九四五年九月八日、まだ横浜におかれていたＧＨＱに、緒方竹虎《おがたたけとら》情報局総裁と松前重義《まつまえしげよし》逓信院総裁が呼び出され、新聞、ラジオおよび郵便物の検閲に関する会談が行われた。そのときの模様を、松前重義は「放送法制立法過程研究会」が一九七七年に行った聴き取り調査で、次のように述べた（放送法制立法過程研究会編『資料・占領下の放送立法』三五八頁）。

「最初に緒方さんが、新聞、雑誌、放送の検閲に対してどう思うかと、ミューラーという参謀長に聞かれたんです。（中略）緒方さんは、大東亜戦争というものはどうして起こったかというと言論を抑圧したからだ。言論抑圧ということはやはり軍国主義的な性格の中においてその傾向を持つものであって、われわれはそれに対していままで徹底的に反対してきた。だから言論、雑誌、新聞、放送その他の言論機関に対する統制はいたしませんと言ったんです。すると末席のほうでバーンと机をたたいて、何をいうかというんです、（中略）それからミューラーがおもむろに、われわれは新聞、雑誌、放送の検閲は実行していきたい。今後といえどもやるんだ、反対されては困るというので、緒方さんは、それはもう占領下だからわれわれとしてはどうにもならない。あなた方の方針に従う以外に方法がないと答えたんです」

敗戦直後に占領軍の総司令部でその最高幹部に面と向かって検閲に反対したというのであるから、言論抑圧がもたらした悲惨な結果に対する真摯な反省が敗戦時の政府首脳の胸に深く刻まれていたことを示しているものと言えるだろう。なお、緒方竹虎は、朝日新聞社の主筆であったが、戦中と戦後に情報局総裁に就任していた。

ＧＨＱは一九四五年九月一〇日「言論及び新聞の自由に関する覚書」を発した。これは日本政府に、「事実に即せず、若しくは公安を害する」新聞・ラジオの報道を防止するために必要な命令を発することを求め、連合国軍に対する虚偽または破壊的な批判や流言は禁止されるとした。一方、日本の将来に関する議論は、日本が世界の平和を愛する諸国民の間で地位を占める国家として敗戦から浮上するための努力を害しないかぎり奨励されるとし、当分の間ラジオ放送は、ニュースと音楽・娯楽番組を主に放送するものとした。

この検閲令はさらに具体化された。ＧＨＱは、九月一九日、ニュースは厳格に事実に即することなどを命じる一〇箇条のプレスコードを発した後、九月二二日には「日本に与える放送準則(Radio Code for Japan)」を発した。これは、報道放送について一一箇条、娯楽放送について二箇条、情報・教養番組について四箇条の規制を定め、広告番組もこれに従うように命じたものである。まず報道放送については、連合国に対して虚偽または破壊的な批判をすることの禁止、占領軍に不信や怨恨を招来する放送の禁止など、占領目的を阻害する報道を禁止した。報道は厳格に事実に即したものでなければならないとしたうえで、プロパガンダ目的の脚色、押しつけ、歪曲を禁止した。娯楽放送は、これに加えて、テーマがプロパガンダを助長すると解釈されるようなものであってはならず、連合国軍や連合国民をそしったり、あざけったりするものは許可されないとされた。

占領前からあらかじめ用意されていたと見られる指令であるから、占領目的を阻害する放送を禁止する条項が多いのは当然であるが、プロパガンダ目的の放送をさまざまな側面から禁止し、その反面として、厳密に事実に即した放送を強く求める条項が多いのが目に付く。これは、戦前の放送が戦意高揚のプロパガンダ放送一色となり、また戦果を捏造する大本営発表がまかり通り、それが連合国軍に対する執拗な抵抗の基になったとＧＨＱが考えていたからであろう。

この検閲は、特に占領目的を阻害するものに対しては相当厳格に実施された。一九四六年六月の食糧不足による「一千万人餓死説」と題する講演は放送中止が命じられた。違反者は軍事裁判にかけられ、プレスコード違反では二件の有罪判決が下された。

一方でGHQは一九四五年九月と一〇月に出版法、新聞紙法、国家総動員法、治安維持法などの思想表現と言論を制限する諸法規の撤廃を指令した。戦争中の国策放送を推進し、検閲も行って言論統制の中枢であった情報局は、占領軍が日本政府を使った間接統治を行ったため、GHQの指示を受けてしばらく検閲の業務を続けていたが、一九四五年一〇月には検閲業務から手を引いた。GHQの検閲も一九四八年七月からすべて事後検閲となり、さらに一九四九年一〇月に事後検閲も廃止された。情報局は一九四五年一二月三一日に廃止された。

GHQは内幸町の放送会館の半分以上を接収し、CIE（民間情報教育局：Civil Information & Education）が、放送番組内容の指導に当たった。婦人の解放、農村の民主化、学校教育の改革を目指す番組が放送され、非軍事化、民主化のためのキャンペーンが行われた。企画・脚本ともCIEが行った「真相はかうだ」という番組がキャンペーン番組の代表で、南京大虐殺などの戦争の実態が暴露された。

同時に、CIEの指導により、全日放送が始められ、一九四五年一二月には一五分ごとの区切りの番組編成であるクォーターシステムが導入された。日本放送協会を、ローマ字読みの頭文字を取ってNHKと呼称するようになったのはこのシステム導入のときからであり、放送で使い始めたのは一九四六年三月からである。

放送法案の策定と指示

一九四六年一一月三日、新憲法が公布された。この新憲法は表現の自由を保障すると共に、検閲を絶対的に禁止するものであった。新憲法の施行日は一九四七年五月三日と定められた。新憲法の公布に先立って、一九四六年一〇月、GHQは逓信省に対し、①新憲法に準拠し、②通信を完全に民主化し、軍国主義的な支配とその影響の痕跡を永久に払拭し、③近代化した通信法規を検討することを命じた。

一九四七年一〇月、GHQは、逓信省及び日本放送協会に対し、GHQが求める放送法案の根本原則を伝えた。これによれば、放送法は、①放送の自由、②不偏不党、③公衆に対するサービス責任の充足、④技術的諸基準の遵守、という重要な一般原則を反映するものでなければならないとされた。また米国のTVA(Tennessee Valley Authority)のような行政府から独立した自治機関を設立して、そこがすべての放送を管理し運用する制度とするべきだとした。さらに将来的には民間放送を許すことに備えた規定を設けることを示唆した。この伝達は、GHQの放送担当セクションであるCCS(民間通信局：Civil Communications Section)のクリントン・ファイスナー調査課長代理が行ってメモランダムが作成されたので、「ファイスナーメモ」とよばれているが、もちろんＧＨＱとしての意思決定であった。

このＧＨＱの意思表明を受けて放送法案が策定され、一九四八年六月、第二回国会に上程された。

この第一次放送法案の特色は、まず一条に放送法の目的を詳細に規定したことである。「この法律は、左に掲げる原則に従って、放送を公共の利便、利益又は必要に合致するように規律するとともに、その自由を保障し、その健全な発達を図ることを目的とする」として「①放送が情報及び教育の手段並びに国民文化の媒体として、国民に最大の効用と福利をもたらすことを保障すること。②放送を自由な表現の場として、その不偏不党、真実及び自律を保障すること。③放送に携わる者の国民に対する直接の職責を明らかにすることによって、放送が健全な民主主義に奉仕し、且つ、それを育成するようにすること」を、三つの原則として掲げた。

このような高邁な理念が目的として掲げられている法案が作成されたのは、言うまでもなく、放送法案が戦後の民主主義改革の一環として、ＧＨＱの強い指導の下に作成されたからである。法案は事実上逓信省とＧＨＱ、ことにＣＣＳのファイスナーとの協議で作成された。当時逓信省で立法に携わった荘宏《しょうひろし》は、ＧＨＱから来た修正意見文書に書いてあったものをそのまま書いたと回想している（前掲『資料・占領下の放送立法』四九七、五五四頁）。

注目されるのは、この法案の四条が、ニュース放送についての原則を定めたことである。しかもその内容は、前項で紹介した占領軍のラジオコードから占領目的を阻害する放送を禁じた条項を除外しただけで、他はほぼ同一であった。その結果、ニュース放送は事実だけを意見を交えずに伝えなければならないことが強く求められ、また公安を害しないことや宣伝的意図を持たないことが要求されることになった。さらに時事評論・分析・解説の放送についても、この原則に従わなければならないとされた。

ファイスナーメモにあった放送を管理運用する自治機関としては、五人の委員により構成される「放送委員会」を内閣総理大臣の下に置き、この委員会が、放送局の免許、その更新などの権限を持ち、放送政策を総理大臣に具申するものとされた。この委員は国会の同意を経て総理大臣が任命することとされた。

実際の放送の業務は日本放送協会が行うものとされた。その役員は放送委員会が国会の同意を得て任命し、協会は受信料を徴収することができるとされた。そしてこの協会の放送番組の編集は、公衆の要望を満たすよう最大の努力を払わなければならないとされ、そのための定期的な世論調査が義務づけられた。また「①公衆に対し、できるだけ完全に、世論の対象となっている事項を編集者の意見を加えないで報道すること。②意見が対立している問題については、それぞれの意見を代表する者を通じて、あらゆる角度から論点を明らかにすること。③成人教育及び学校教育の進展に寄与すること。④音楽、文学及び娯楽等の分野において、常に最善の文化的な内容を保持すること」が義務づけられた。さらに、「協会の放送番組の編集は、政治的に公平でなければならない」とされ、また公職の候補者に政見放送をさせたときには、他の候補者にも同一の条件で放送させなければならないとされた。営業広告放送は禁止された。

この日本放送協会は、従前の公益社団法人日本放送協会と名称は共通するが、放送法によって新たに設立される特殊法人である。ただし、施設と職員は、放送法の附則により従前の日本放送協会のものをそのまま引き継ぐと定められた。本書では両者を区別するために、新たに設立された特殊法人日本放送協会は、「ＮＨＫ」とよぶことにする。なお、ＮＨＫの呼称が定款に正式の略称として定められたのは、一九五九年になってからのことである。

また、この法案では「一般放送局」に関する規定も設けられた。これは民間放送の開始を許すという規定である。放送委員会の免許により放送局を開設できるものとされ、広告放送も可能とされた。放送内容については、公職の候補者に政見放送をさせるときには、他の候補者にも同一の条件で放送させなければならないという規定のみが設けられた。さらに、公安や風俗を乱す放送をした者に対する刑罰も規定された。

第一次放送法案は、いくつかの事項について修正案が出されるなど審議が進められたが、内閣が交代したことにより撤回された。

GHQの勧告による修正

一九四八年一二月、GHQのLS（Legal Section）から、第一次放送法案のニュース放送について定めた四条が、新憲法二一条に規定する「表現の自由の保障」とまったく相容れないという厳しい反対意見が出た。「政府にその意志があれば、あらゆる種類の報道の真実あるいは批評を抑えることに、この条文を利用することができるであろう。この条文は、戦前の警察国家のもっていた思想統制機構を再現し、放送を権力の宣伝機関としてしまう恐れがある」と指摘された。そして、時事評論・分析・解説の放送についても、このニュース放送の原則に従わなければならないとされたことについて、評論は「個人の意見・価値判断」の表明であるから、これでは評論は不可能になる、台風の報道も「公安を害する」かもしれないからできなくなると、全文削除が勧告されたのである。また、公安や風俗を乱す放送をした者に対する刑罰も、要件が曖昧で広汎にすぎるうえ、刑法などの規定で対応できるので不必要であるとされた。

その後政府は、逓信省を郵政省と電気通信省に分離し、電気通信省の外局として電波庁を設置することとし、GHQが「放送委員会」と電波庁の所轄について決定したところに従って放送法案と電波法案の検討を進め、一九四九年三月、第二次放送法案をまとめた。

この法案は、法の目的規定である一条2号の表現を「自由な表現が行われる場としての放送の不偏不党、真実及び自律を保障すること」と改め、放送の不偏不党、真実および自律を放送局に対して保障するのが法の一つの目的であることを、より明確にしている。また第一次放送法案四条のニュース放送に関する規制は全文削除された。公安や風俗を害する放送に対する刑罰は、「日本国憲法又はその下に成立した政府を暴力で破壊することを主張する事項を放送した者」に対する禁固刑と「わいせつな事項を放送した者」に対する懲役刑と罰金刑に絞って存置された。GHQのLSからの、要件が曖昧で広汎にすぎるという批判に答えたものである。

ところが一九四九年六月、GHQのパック代将から、次のような勧告が出された。第一が改正法案を次期国会に提出することで、第二が、その法案では、①無線規律委員会(Radio Regulatory Commission)を総理大臣の下に作ること、②一般放送局を許可すること、③プログラム編集の自由を認めること、④日本放送協会の改組、の四点を重要点とすることであった。無線規律委員会については、その構成や職能について詳細に示され、日本放送協会の改組については、公共事業体を創設し、半官的ではあるがプログラム編集は自由で、聴取料について法律で定めることとされていた。

これを受けて、法案は、放送法、電波法、電波監理委員会設置法の三本立てとすることとなり、GHQと連日の検討を重ねた末、一九四九年一〇月閣議決定を経た。この法案では、放送法一条の規定は表現が若干変わり、三つの原則は「①放送が国民に最大限に普及されて、その効用をもたらすことを保障すること。②放送の不偏不党、真実及び自律を保障することによって、放送による表現の自由を確保すること。③放送に携わる者の職責を明らかにすることによって、放送が健全な民主主義の発達に資するようにすること」とされた。これは現在の放送法一条の規定と同一である。この法案の三条も、現在の放送法三条と同一になった。

また、パック代将の勧告を受けて、放送委員会の規定を削除し、代わりに、電波監理委員会設置法を制定することにした。逓信省は、法案の立案担当者を米国に派遣し、米国のＦＣＣ（連邦通信委員会：Federal Communications Commission）を参考にして、電波監理行政と放送行政を一元的に行う電波監理委員会を設置することにしたのである。

さらに、ＮＨＫの放送番組の編集については、若干の表現の変更が加えられ、「①公衆に関係がある事項について、事実をまげないで報道すること。②意見が対立している問題については、できるだけ多くの角度から論点を明らかにすること。③音楽、文学、演芸、娯楽等の分野において、最善の内容を保持すること」と定められた。「協会の放送番組の編集は、政治的に公平でなければならない」という条文には変更はなかった。

公安や風俗を害する放送をした者に対する刑罰規定は削除された。

独立行政委員会にこだわったＧＨＱ

しかしＧＨＱは、電波監理委員会の決定を完全に内閣に従属させる規定があることを理由にして、電波監理委員会設置法案に反対した。「委員長は、国務大臣をもって充てる」という規定（五条2項）と、一定の場合内閣は委員会に対して再議すべきことを命じたり、再議の結果によっては議決の変更を命じることができるという規定（一九条）である。

政府は、憲法上行政権は内閣に属するものであり（憲法六五条）、委員会の決定が不当であったり公共の福祉に反する場合、内閣が委員会に対して要求する権限がないのであれば、国会ひいては国民に対してその責任を十分に遂行できないと主張した。ＧＨＱは、委員長を国務大臣とする五条2項は削除する、内閣は委員会に対し再議を求めることができるが、委員会が再議した後は、内閣は再審議を求めることができないことにする、という修正案も提案した。しかし政府はすでに長期間ＧＨＱと折衝した結果、承認を得たものだとして、修正に応じなかった。その背景には、吉田茂首相の独立行政委員会に対する強い反対の意向があった。

ＧＨＱは、最後の手段として、マッカーサー連合国軍最高司令官から吉田首相に対する書簡を出すことで決着をつけた。この書簡は、米国における独立行政委員会の効用と特質を説明したうえで、政府案は委員会を内閣の諮問機関にするものにほかならないが、五条2項と一九条が削除されるなら、法制上の独立という必須の要請に応え、公衆の最上の利益のための公正な運用を確保することになる、という内容であった。政府はこの書簡を極秘扱いにしつつ、電波監理委員会設置法案からこの二つの条項を削除した。

この書簡の発出をマッカーサーに働きかけ、原案を書いたのはファイスナーである(前掲『資料・占領下の放送立法』四六七頁)。ファイスナーは、文学修士と法学士の学位を得た後、内国歳入庁と会計検査院等に勤務し、軍務について、退役後の一九四六年一〇月にGHQのCCSに入った。ファイスナーはまず鈴木恭一逓信省次官を呼び出して、私は、①軍国主義、②封建主義、③官僚主義、の三つをつぶすために来たと述べた(同五〇四頁)。一九四七年には逓信省法令審議委員会で、日本の過去の通信法制は天皇と政府のものであったが、民主主義国家における通信事業は公衆の利益のための奉仕であり、また公衆に帰すべきものであって、政治的勢力の影響を受けないことおよびその機構が安定していることが必要であると述べている(同一三七頁)。ファイスナーは、内国歳入庁と会計検査院の職務経歴から、国民の重要な権利を規制したり免許を与える行政については、独立行政委員会が担当するべきであるという信念を持っていた。

国会における重要な修正と電波三法の成立

放送法、電波法、電波監理委員会設置法の三法(電波三法)の国会審議は、三法一括で一九五〇年一月から開始された。網島毅電波監理長官は、法案の概要の説明の際、放送法案の特色として、公共的な放送企業体と自由な事業としての民間放送局の二本立てにしたことをまず挙げ、放送法について「放送による表現の自由を根本原則として掲げまして、政府は放送番組に対する検閲、監督等は一切行わない」「(NHKについては)この法律のうちで放送の準則と言うべきものが規律されております。そしてこの法律に基づいて番組を編成することになっております。(中略)これ以外に対しましては、政府の行政命令その他によってその番組に干渉することは絶対に行われない建前になっております」と説明した。

一九五〇年四月、放送法案に対して自由党、民主党、国民協同党、農民協同党の共同提案で修正案が提出された。そのうち重要なのは、NHKの番組編集準則について「公安を害しないこと、政治的に公平であること、報道は事実を曲げないですること、意見が対立している問題については、出来るだけ多くの角度から論点を明らかにすること」の四原則をもって規律することが最も適当であるとして、政府原案を修正し、さらにそれを一般放送事業者にも準用(適用)する、電波法七六条を修正して放送法違反も停波および免許取消の処分の対象とする、という案であったことである。

これは、公共放送としてNHKを法律で創設するに際して、その公共性を担保するための業務準則条項に、秩序維持のための公安条項を付加し、さらにそれを民間放送にも準用することによって、民間放送を商業放送から公共性のある放送に変化させるという意味をもつものであった。しかもその規定の違反が電波法七六条違反として行政処分の対象となるという解釈が可能になる案であった。

このようにいずれも重要な修正であったにもかかわらず、国会では修正案についてほとんど審議されなかった。提案者の提案理由は、「いわゆるラジオ・コードに相当する規定でありますが、(中略)四原則をもって規律することがもっとも適当である」し、その一般放送事業者に対する準用の理由は「放送事業は民間放送といえども、高度の公共性を帯びる」というだけであった。特に電波法案の修正案に至っては、「放送法関連の場合をも含めることに修正いたしました」というだけである。共産党と社会党の反対討論も、これらの問題に具体的に触れるものではない。賛成討論も、修正案による公安条項追加と番組編集準則全部の一般放送事業者に対する準用について「日本放送協会たると民間放送たるとを問わず、いやしくも放送が社会的公共性を有するものである以上は、放送として当然守らなければならないところの道徳的、社会的な基準に関するものでありまして、これまた適当である」というだけであった。

このような修正案が与党から提案された背景にあるのは、一九四九年の不況の深刻化による社会不安の増大であった。大量の人員整理解雇を行った国鉄で下山事件、三鷹事件、松川事件が続発し、「行政機関職員定員法」による解雇が進むなかで、政府与党は社会の治安維持に強い関心をもっていた。第一次放送法案の国会審議でも、何の規制もなく一般放送局の開設を認めたら、政党や政治団体が放送局を通じて極端な思想を放送し、不測の恐るべき事態が発生しないとも限らないのではないか、という質問がされていた。一九五〇年五月、マッカーサーは共産党を国際的侵略勢力の手先であるとして非合法化を示唆する声明を発し、吉田首相は共産党中央委員と共産党機関誌『アカハタ』の編集幹部の追放を指令した。

電波法七六条の修正が番組編集準則の違反にも適用されるのかは、国会審議では最後まで明らかにされなかった。そのため、この解釈がその後長く争われることになった。

電波三法は、修正案のとおり修正のうえ、賛成多数で可決成立し、一九五〇年六月一日に施行された。電波三法の施行直後の六月二五日、朝鮮戦争が勃発し、七月には共産党員またはその同調者とみられた者を言論機関から一方的に解雇するレッドパージが、マッカーサー書簡の趣旨に従って行われた。

第2章　NHKと民放の二元体制成立とテレビ放送の開始

民間放送開始への胎動

一九五〇年に成立した放送法は、一般放送局についての規定を置いて商業放送への放送免許付与の道を開いたが、日本放送協会のほかに民間の放送局も認めるべきだという動きは、終戦直後から始まっていた。一九四五年九月に「民衆的放送機関設立ニ関スル件」が閣議決定されたのである。これは、日本放送協会のほかに、受信機製造会社、新聞社など放送事業に関連する者を株主として株式会社を設立し、短波と中波の放送をさせるというものであった。

この構想を推進したのは松前重義逓信院総裁である。松前総裁は、戦前・戦中に日本放送協会が放送を独占していたことが問題であり、民間放送を導入して競争させることにより初めて放送が民主化すると考え、終戦直後に逓信院からこの案を提出して閣議決定を取った。この閣議決定には、占領軍が日本放送協会を解体して商業放送だけの制度を導入する恐れから、案を急遽作成したという側面もあったようであるが、松前逓信院総裁と網島毅逓信院電波課長（当時)は、日本放送協会と民間放送の並立によって日本の放送を民主化することを目的として発案したものだったと後に回顧している(前掲『資料・占領下の放送立法』三五九頁)。

松前総裁は、この閣議決定を受けて、民間の商業放送会社設立の具体化を働きかけ、民衆放送計画が進められた。この動きは、大阪や名古屋にも波及し、民放設立運動が起こった。しかしこの逓信院構想は、GHQの反対によって潰えた。GHQにしてみれば、占領政策を遂行するうえで情報を一元的にコントロールできることこそが最も重要であった。放送は日本統治の重要な道具であり、そのために日本放送協会に放送を独占させたうえで、それを支配下に置くことにしたのである。

その意志を明示して一九四五年一二月に伝達したのが、GHQのCCS(民間通信局)のハンナー大佐であった。ハンナー大佐は、松前総裁に「日本放送協会ノ再組織(メモ)」(「ハンナーメモ」とよばれる)を示した際、口頭で、このメモは、GHQが商業放送は認めない方針であるという意思表示と理解するようにと伝えた(なお、ハンナーメモ自体は日本放送協会の民主化についてのGHQの意向を示すものであるが、それについては次項で述べる)。さらに一九四七年一月の連合国対日理事会で、ソ連代表テレビヤンコ中将から「民放の創設は避けること」というGHQに対する勧告がなされ、翌二月に逓信院電波局は「新放送機関の設立については、我が国の産業経済等の諸情勢に鑑み、当分の間これを許可しないこととする」という決定を行った。

日本放送協会の民主化

一方、日本放送協会内部では、終戦直後から民主化が叫ばれるようになり、一九四五年一〇月には部課長会が逓信院系天下り理事の総退陣などを求める決議をし、ついで全職員が職員大会を開催して、放送事業運営の徹底的民主化や職員団体の結成を決議した。日本放送協会当局も一九四五年一〇月臨時会員総会を開催して定款などを改正し、理事・監事の選任・解任、会長等役員の就任・解任などが主務大臣の認可を要することになっていたのを削除し、また総会で評議員を選挙して、評議員が理事を選挙する制度を設けた。そのうえでこの年の一二月に新定款に基づく新評議員の選挙を行うことにして、大橋八郎会長は辞表を提出した。

ところがこの一二月に、GHQからハンナーメモが示された。このメモは、日本放送協会の運営が政府の極度の統制によって弱体化し、国民は世論を表現する重要機関の管理運営に発言権をもっていないという認識を示したうえで、ラジオ放送をその運営のすべての面で公共機関として確立するための手段を取るよう命じるものであった。具体的には、①日本放送協会会長に助言するため、すべての分野から計一五〜二〇人を選びGHQが任命して顧問委員会を結成する、②委員会の第一の任務として、会長候補者三名を推薦してGHQに提出し、その中からGHQが選定する、③GHQが会長を指定したあとは、この委員会が会長と理事会に対し一般政策事項について助言し、放送倫理規範をGHQに提出する、④日本放送協会の政策は、顧問委員会に諮問したうえで会長が定め、会長は逓信院から独立した者だが、周波数の割当て・指定などについては逓信院総裁の指示を受ける、⑤幹部の資格審査を開始し、以前に軍閥的または非民主的団体または侵略的団体に関係したために不適当と認められた者は転任または解雇される、などである。さらに、GHQのCCSは権限ある士官をGHQ代表として日本放送協会に派遣し、会長に助言させるものとした。

このメモを受けて組織されたのが「放送委員会」である。人選については中立的な人材を推す逓信院と革新的な人材を選定したいGHQの意見が対立して難航した。最終的には双方が妥協して、濱田成徳《はまだしげのり》(科学技術分野、東京芝浦電気株式会社電子工業研究所所長)以下、農業、実業、芸術、学界、婦人、労働、新聞・出版、青年の各分野から計一七人が選任された。

委員会は直ちに会長の人選に入り、小倉金之助《おぐらきんのすけ》(数学者、民主主義科学者協会初代会長)、田島道治《たじまみちじ》(銀行家、大日本育英会会長)、高野岩三郎《たかのいわさぶろう》(統計学者、大原社会問題研究所所長)の三名を候補として選出した。委員に選任されていた岩波茂雄(岩波書店創業者)が熱心に推した高野岩三郎が最終的に委員会で圧倒的な多数の支持を得て、一九四六年四月、日本放送協会会長に就任した。高野岩三郎の会長就任に尽力して奔走した岩波茂雄は、その前日に病没した。

高野新会長は就任に際して職員に次のように挨拶した。

「放送の対象は非常に広範な国民大衆であり、即ち勤労者大衆がその中核であります。／従って、ラジオは此の大衆と共に歩み、此の大衆のために奉仕せねばなりません。／太平洋戦争中のやうに、専ら国家権力に駆使され、所謂国家目的のために利用されることは、厳にこれを慎み、権力に屈せず、ひたすら大衆の為に奉仕することを確守（ママ）すべきであります」「広範な国民大衆と共にあるためには、一党一派に偏せず、徹頭徹尾不偏不党の態度を固く守ることの必要は、申すまでもありません。ラジオとしては、民主主義的であり、進歩的であり、大衆的であること以外には、何等特定の政治的意見を固執してはなりません」「勤労者大衆と共に苦しみ、共に楽しみ、勤労者大衆と共に新日本建設へ奮ひ立つこと、ここにラジオの第一使命がある」（日本放送協会編『放送五十年史　資料編』一八九頁）

高野岩三郎は、統計学者であり東京帝国大学法科大学教授（後に同大学経済学部教授）であった。大学を辞した後、大原孫三郎《おおはらまごさぶろう》（倉敷紡績社長・大原美術館の創設者）が設立した大原社会問題研究所の初代所長に就任して労働問題の研究と組合運動の指導・教育に取り組んだ。戦後は憲法研究会をつくり、一九四五年一二月、国民主権、留保のない人権条項と、天皇は国政をせずもっぱら「国家的儀礼ヲ司ル」と定めた「憲法草案要綱」（これにGHQが深い関心を示したことが知られている）を作成した。しかも高野自身は、天皇制廃止・大統領制採用の「日本共和国憲法私案要綱」を起草して、一九四六年二月に雑誌『新生』に公表していた。幣原喜重郎《しではらきじゅうろう》首相は高野と大学同期の友人であったが、会長就任前の高野を訪ねて共和制の主張だけは止めてほしいと頼み、高野は公の席では言わないと約束したという（大島清『高野岩三郎伝』四〇五頁）。

高野は直ちに機構改革と人事に着手した。放送文化研究所を創設して、まず放送協会職員一〇〇〇世帯の家計調査を実施した。朝日新聞社から古垣鉄郎《ふるかきてつろう》を招いて専務理事とし、森戸《もりと》辰男《たつお》、大内兵衛《おおうちひょうえ》ら各界の代表を幅広く選んで評議員とした。

一方、放送委員会は、ハンナーメモでは会長選任後は会長の諮問機関となり一般政策について助言したりすることになっていたので、その後濱田成徳を委員長として月一回程度の会合を続けた。しかし、日本の法制上も日本放送協会の約款や規約上も何の根拠もないままＧＨＱのＣＣＳの意向を受けて作られた機関であり、予算の手当もなかった。しかも、高野はこれを積極的に活用する気がなく、ＧＨＱもＣＩＥ（民間情報教育局）が日本放送協会に乗り込んで直接指導していて放送委員会を無視したため存立基盤を失った。

ストライキによる放送途絶と放送の国家管理

高野は、自他共に許す労働問題の専門家であり、労働組合運動にも指導的立場で関与していた。会長就任後、その高野を待っていたのが、皮肉なことに組合のストライキであった。

一九四六年九月、日本新聞通信放送労働組合は、①読売新聞・北海道新聞の争議解決、②労

働協約の締結、③賃金引き上げ、などを要求して新聞・放送のゼネスト準備態勢に入った。

高野会長は、激しいインフレと食糧危機のさなかであり、経済要求は当然と思ったが、組合が求めたクローズドショップ（組合員であることを雇用条件とする労働協約）を含む労働協約締結については早急な取り決めは難しいこと、またこの三つの要求が、産別会議が推進する「一〇月攻勢」の一環として行われた政治的色彩の濃いものであったことから要求は容認せず、文書でスト中止を訴えた。

一〇月五日、組合はストライキに突入し、ラジオ放送は停止した。政府は、ニュース、気象通報などの放送を再開しなければ放送を国家管理すると通告し、GHQの承認を得て、一〇月六日に放送施設接収を開始し、八日から逓信省職員がニュースと天気予報を行う国営放送を行った。ただし、日本放送協会の部課長の協力がなかったので、全国中継はできなかった。そのため電波状態の良い夜間を除いて、関東一円以外のラジオは無音のままであった。

読売新聞争議は一〇月一五日解決した。放送委員会はストライキ解決の斡旋に動き始めたが進展しなかった。一〇月二四日、岩波茂雄の後任として放送委員会委員となっていた小林勇（岩波書店支配人）は高野会長を説得して、高野会長、古垣専務理事と組合代表とのトップ団交を、濱田放送委員会委員長立ち会いで実現させた。二時間余の交渉の末、経済要求は認める、労働協約はスト終結後協議して締結するという線で妥結した。

一〇月二五日、政府は放送の国家管理を解き、日本放送協会による放送が再開された。高野会長は、一九四九年、会長就任の三年後に七七歳で病没している。同年、放送委員会も全委員が辞任して消滅した。

民間放送の開始

ストライキによる放送の長期途絶は、改めて日本放送協会以外の放送局開設の必要性を意識させるものであった。一九四八年六月国会上程された第一次放送法案には、公共放送を行う特殊法人として新たに設立されるＮＨＫと並んで、広告放送を許す「一般放送局」の規定が入った。

当時普及していた受信機は性能が悪く、一地域で二つ以上の民間放送を認めると、混信してどちらも聞けなくなるおそれがあったことから、逓信省は、東京のみ二局、そのほかの都市は一放送局という構想を立て、民間放送局の設立をめぐる競争は熾烈になった。電波三法が成立した一九五〇年の九月末には、放送免許申請者は全国で七二社に達していた。この申請者のなかで有力であったのは、新聞社が中心となっていたものであった。

一九五一年四月、電波監理委員会は全国一四地区の一六放送局に、日本で初めての民間放送局の予備免許を与えた。電波監理委員会委員長富安謙次《とみやすけんじ》は、「民間放送は、公共性の高い文化的事業で、その運営方法のいかんは国民の文化、産業の上に、きわめて大きい影響を及ぼすものであり、（中略）その衝に当たられる方は、よくその使命を自覚されて国民のためにりっぱな放送をされ、我が国文化の向上と産業の発展に寄与されることを期待してやまない」という談話を発表した。

予備免許は、放送施設の完成後に検査を受け、その合格後に五年間の放送免許を与えられる仕組みであり、各局はそれぞれ準備を急いだが、日本初の民間放送が実際に開始されたのは、一九五一年九月一日、先行していた中部日本放送によってである。

このような経緯で民間放送が発足したため、新聞社の影響が強く、また各地域ごとの放送局もその地域の地方紙が中心となって開設された。新聞社との結びつきは、当初独自取材をする能力のなかった放送局がニュース放送をするうえで大きな意味をもったが、放送局が新聞各社の系列につらなるという今日に続く問題を生じさせた。

テレビ放送の開始

日本放送協会は、戦前、一九四〇年に開催予定だった東京オリンピックでテレビ放送を行う計画を立てて研究を継続していたが、日中戦争のためその開催権は返上され、研究は頓挫していた。戦後研究が再開され、一九五〇年には実験放送が開始されるまでになった。

一方米国では、一九五〇年には三〇〇〇万台を超えるテレビ受像器が普及し、テレビ時代が始まっていた。その米国から、一九四八年暮れ、読売新聞社社長の座を公職追放令で追われていた正力松太郎《しょうりきまつたろう》に日本におけるテレビ事業創設の話が持ち込まれた。しかしGHQは正力がテレビジョンという「公衆情報媒介物」の事業に関わることを許さないという意志を表明したために、このもくろみは一旦頓挫した。

一九五一年、米国上院議員のカール・ムントが「ヴィジョン・オヴ・アメリカ」構想を打ち出した。これは、ドイツと日本にテレビ放送網を築き、民主主義とそれが米国でどのように機能しているかを見せることにより、共産主義に対する防壁を築こうというものであった。この年八月公職追放を解除された正力は、このムント構想を知って直ちに連絡を取り、日本ではムント構想を日本人の手で実行するべきであると説得して支援の約束を得た。そして九月、日本テレビ放送網設立構想を発表した。これは始めに東京に中央送信所を建設し、第二期に大阪と名古屋、第三期に全国放送網を完成させるという壮大な構想で、しかも全国をマイクロ波回線で結び、電話やファクシミリなどの通信事業も可能にするというものだった。

日本テレビ放送網は、一九五一年一〇月、電波監理委員会にテレビ放送局開設の免許申請をした。日本テレビ放送網は、ムント構想の実現が出発点であったので、放送に必要な送信機などの機器と受信機のすべてを米国からの輸入でまかなうことにしており、米国の規格（周波数帯幅六メガヘルツ、走査線五二五本、毎秒三〇画面）による放送を行う計画であった。

これに対抗して、ＮＨＫも同月東京・大阪・名古屋のテレビ局とテレビ中継局の開設の免許申請を行った。ＮＨＫは戦前すでに走査線四四一本、毎秒二五画面で実験していたが、一九四八年無線通信機械工業会が暫定標準規格として定めた走査線五二五本、毎秒二五画面を採用して、周波数帯幅七メガヘルツで実験放送を行っていた。そのため規格を米国とまったく同一とすることは、それまでの実験の成果を捨てることになるだけでなくテレビ放送の機器が受信機を含めすべて米国製品に席巻されることになると反対し、無線通信機械工業会、メーカーとともに、カラーテレビ放送により適するとして周波数帯幅七メガヘルツを採用するよう主張した。これは、国産の放送機材や受信機の開発・生産のための時間稼ぎの意味ももっていた。

電波監理委員会は両サイドの聴聞を行ったうえで一九五二年、周波数帯幅を六メガヘルツとすることに決定した。この電波監理委員会の決定は、日本テレビ放送網の計画が、ヴィジョン・オヴ・アメリカ構想の日本における具体化として米国国務省筋の支持と支援を得ていたこと、その構想の実現のために、標準方式を米国にそろえ、米国のテレビ番組を日本でも容易に放送できるようにすることが必要であったことを考えれば、ある意味で当然の帰結であった。

冷戦体制下にあり、しかも当時朝鮮戦争が戦われていたことから、マイクロ波の全国中継網を作るという正力構想は、万一のときに米軍通信網のバックアップとなり得るという米国の安全保障体制に密接な関係がある構想でもあったのであり、吉田首相をはじめとする政府首脳も米国方式の採用に賛成していた（有馬哲夫『こうしてテレビは始まった――占領・冷戦・再軍備のはざまで』九三頁）。

標準方式が米国規格に統一された結果、テレビ放送の初期に、「アイ・ラブ・ルーシー」「ヒッチコック劇場」「スーパーマン」「名犬リンチンチン」「名犬ラッシー」「パパは何でも知っている」などの米国のテレビ番組が多数放送され、人気を博した。このことは、米国のライフスタイルと価値観を日本の茶の間にダイレクトに伝え、強い影響を与える結果となった。

電波監理委員会は、その最後の日である一九五二年七月三一日に、日本テレビ放送網にテレビ放送の予備免許を与え、ＮＨＫに対しては、事業計画、資金計画の国会承認がないことを理由に決定を留保した。国会の承認を得てＮＨＫに予備免許が交付されたのは一二月二六日のことであった。

その後、日本テレビ放送網とＮＨＫは本放送の開始を目指して競争したが、一九五三年二月一日、日本で最初にテレビ放送の本放送を開始したのは、ＮＨＫであった。予備免許で先行していた日本テレビ放送網は、放送機材の輸入のためのドル資金の手当てに手間取り、本放送の開始は遅れて一九五三年八月二八日となった。

このとき、ＮＨＫと民放が、テレビ放送でも並立する二元体制が完成したのである。

第３章　放送制度の変遷

日本の主権回復と電波監理委員会の廃止

一九五一年サンフランシスコ平和条約が締結され、一九五二年四月二八日に発効した。これにより日本は主権を回復したが、その直後である同年七月、電波監理委員会は廃止された。

電波監理委員会は、ＧＨＱが占領期に創設した二十余の行政委員会の一つである。ＧＨＱは、日本の非民主的な行政が軍国主義化の要因の一つとなったと考え、特に政治的な権限の濫用が起こりがちな人事や許認可など一定の分野で、内閣には属さない合議制の行政委員会が、関係者からの聴聞(ヒアリング)などを踏まえたうえで行政権を行使するという方式に変更した。しかし吉田茂首相は、行政の重要な機能が内閣からは独立した機関によって行使されることを嫌い、占領の終結と共に行政委員会の整理に乗り出して、各種行政委員会は審判的機能を主とするものを除いて廃止する方針を閣議決定した。

吉田内閣が最後まで創設に抵抗した電波監理委員会は、当然整理の対象となった。電波・放送行政事務は郵政省に移管され、電波監理委員会が行使していた電波・放送行政の権限は郵政大臣が行使することとなり、大臣の諮問機関として電波監理審議会を設置して、重要事項はこの審議会に諮問することにした。しかし委員会の廃止のために国会に提出された法律案に対して、野党は、そもそも廃止の必要性がないことと、電波行政の公平・中立性、不偏不党性の観点から反対した。網島毅電波監理委員会委員長も、電波行政の特殊性から考えるならば委員会行政がベターだという意見を国会で表明した。参議院の内閣委員会における採決は、電波監理委員会の廃止に反対する意見と電波監理審議会の権限を強化する修正案に賛成する意見が同数となり、委員長が修正のうえ委員会を廃止することに決した。修正案は七月に両院の本会議を経て成立した。

電波監理委員会の廃止により、放送法と電波法の運用権限は、内閣の一員たる郵政大臣(現在は総務大臣)が一手に握ることになった。このことについては、郵政大臣が権限を掌握するといっても、重要事項は審議会による合議を経てのことなので実質的変化はそれほど大きくないという意見もある。しかし、本書の主題との関係で言えば、番組内容に放送法四条の番組編集準則違反があるのかどうか、ひいてはそれが電波法七六条の停波処分の対象になるのかどうかという判断が、閣僚の地位にある与党の一政治家の手に委ねられたということは、実質的に重大な意味をもつ。郵政大臣が電波監理審議会に諮問しなければならないと定められている事項には、電波法七六条1項の停波処分が含まれておらず、大臣は電波監理審議会の意見を聞くことなくこの処分をすることができる。また、電波監理委員会の委員は、政治的公平性を担保するため、過半数が同一の政党に属しないようにするという制度的縛りがあった(電波監理委員会設置法一二条2項)が、電波監理審議会の委員にはこのような制約はない。

この後も、放送行政・電波行政は独立行政委員会によって行うべきだという主張が繰り返され、その法案も何度か提出されることになったが、それは理由のないことではないのである。

テレビ放送局の大量免許一括付与と付された条件

一九五六年二月、郵政省は「テレビジョン放送局用周波数の割当計画基本方針」を決定した。これは基幹地区での放送局開設を優先させ、その後他の地域に及ぼす、同一の地域にできるだけ複数の局を置く、というものであった。しかし先行して免許を受けた日本テレビの営業成績が好調であったことから全国的に多数のテレビ放送局開設申請があり、当初の計画はすぐに修正されて、一九五七年五月、より多くの局の開設を認める第一次チャンネルプランが作られた。全国五一地区に合計一〇七局の免許を与えるというプランであり、うち京浜地区の二局と京阪神地区の一局は教育専門局とするとされていた。

開設枠をめぐる競争は熾烈となり、郵政省は米軍が使用していた第一二チャンネルを返還してもらって、京阪神地区にさらに一局の開設を認めることにした。それでも調整が付かないので、時の郵政大臣田中角栄は、一九五七年一〇月、各地の申請者を呼んで、大臣の調停案を示して競願関係にある会社の合同を勧告した。この行政当局の強引な整理により競願状態を解消し、一〇月二二日、民放三四社三六局、NHK七局の計四三局に一括で予備免許を与えた。

またこのとき、マスメディアの独占支配と集中を排除するため、免許に際して、他の放送事業者の持ち株の制限や、役員兼任制限および新聞社との役員兼任制限をした。ただし、すでにある民放ラジオ局がテレビ局を兼営することは容認されたため、地方の民放テレビ局はほとんどが民放ラジオ局によって設立された。

これは、第一次チャンネルプランの基本方針で「特定勢力による言論機関の独占的支配はつとめてこれを排除するべきである」とされたことの具体化であった。このマスメディア独占・集中排除政策を推し進めたのが、濱田成徳郵政省電波監理局長である。濱田は日本放送協会による放送の独占が戦前の言論統制に道を開いたと考えており、国会でも「マス・コミュニケーションなるものは、理想的には少しでも多くの人に分け与えらるべきものである、（中略）新聞、ラジオ、テレビ等の事業が、全く別個の人によって行われることが理想として望ましいであろうと考えられます」と述べている（一九五七年四月六日衆議院逓信委員会）。

マスメディア集中排除原則は、互いに独立した多数の放送局が多様な番組を放送することが国民の知る権利の保障となり、ひいては「放送が健全な民主主義の発達に資する」(放送法一条3号)ことになるという「多元性」と「多様性」の理念で作られたものであるが、二つの問題があった。一つは、このような制限を付して予備免許を与えることの法的根拠であり、もう一つは、このようなやり方で国民の知る権利に応える多様な放送が実現するのかという実効性の問題である。

制限付き予備免許の法的根拠は、当時の電波法に「無線局の開設の根本的基準に合致すること」を求める規定があり、この根本的基準に「その局を開設することが放送の公正且つ能率的な普及に役立つものでなければならない」とされていることであるとされたが、当時その具体的な内容についての法令の定めは何もなかった。マスメディア集中排除原則による制限が電波監理局長通知として明文化され、予備免許の条件ではなく、免許時の審査細目であると説明されたのは、一九五九年のことである。この電波監理局長通知では、さらに地域社会特有の要望を充足する「地域性」の理念もマスメディア集中排除原則の一つとして明示された。

この局長通知が省令である根本的基準に組み込まれたのは、それから三〇年以上たった一九八八年のことであり、その根幹部分が放送法に明記されたのは、二〇一一年放送法改正のときである。つまり、当初は具体的な法令上の根拠のないまま、事実上免許付与の際の条件とするという極めて強引な手法で導入され、その後も単なる局長通知で規制が実行されたのである。

この点について、一九六四年、臨時放送関係法制審議会は、マスメディア集中排除原則の意義を民主主義の観点から評価したが、同時に「法律に明確な根拠を置くよう、法制の整備を図るべきである」と答申した。しかしこのときの法改正は実現せず、通達行政によって重要な規制が実行される事態が続いた。

もう一つの問題は、「多元性」「多様性」「地域性」という、それぞれはもっともな理念が、果たしてこの規制で実現するのかということである。情報の一手独占を許さないという点では、資本と役員の規制は意味をもつ。しかしそれが放送内容の多様性に結びつくのかという点では、今日民放各社の番組編成とその内容の画一化が指摘されていることからも、多元性は多様性を保障するものでないことは明らかである。むしろ一社に多数の放送チャンネルを与えた方が多様性に結びつくことが指摘されている（長谷部恭男『テレビの憲法理論――多メディア・多チャンネル時代の放送法制』一三三―一三七頁）。

しかも、このマスメディア集中排除原則は、テレビ放送の創設期に新聞社が大きな役割を果たし、その後も全国紙が在京キー局と、地方紙が地方のテレビ局と密接な関係をもったことや、地方のテレビ局が在京キー局とのネットワークで系列化していく現実とも整合していない。そのため、一九五九年の局長通知で早くも新聞社とテレビ局の兼営が認められ、その後も次々と集中排除原則は緩和されていくことになった。

教育番組重視という条件

さらに、第一次チャンネルプランでは教育番組が重視された。郵政省は多数の放送局の開設を認める一方で、番組内容の多様性を確保するため、もっぱら教育的効果を目的とする局の開設を構想した。国会も、両院の文教委員会が速やかに全国的に教育テレビ放送網を確立することを要望する決議をした。これは次項で述べるテレビ放送に対する娯楽偏重番組・低俗番組批判に対応するためのもので、一九五七年の一括予備免許の際に、一般放送局であっても、教育・教養番組の時間を全番組の三割以上とする編成計画をして申請し、これを守ることが免許の際に求められた。のみならず、教育番組・教養番組をふやすために、京阪地区の二局と京阪神地区の一局は教育番組の専門放送局とするものとされた。また札幌地区と京阪神地区はそれぞれ一チャンネルを増やすことになったが、この増加分は教育・教養番組を多く放送する「準教育放送局」とすることとされた。教育放送局では教育番組を五割以上、教養番組を三割以上とするものとされ、準教育放送局では教育番組を二割以上、教養番組を三割以上とするものとされた。

このような教育番組や教養番組の重視は、単に行政がそれを一方的に押しつけたというものではない。ＮＨＫのみならず民間放送側でも、テレビの教育的利用や文化的機能が強調されていた。さらに戦前のラジオ放送の時代から教育番組によって全国に教育の機会均等を実現しようとしていた教育理論家の後押しもあった。初期のテレビ放送について、米国の例を引いて文化の低俗化が憂慮され、大宅壮一《おおやそういち》の「一億総白痴化」論に代表されるテレビ放送批判が盛んに行われたことが、教育テレビが必要だという世論を形成していったのである(佐藤卓己『テレビ的教養——一億総博知化への系譜』一四八—一五三頁)。

ＮＨＫに加えて、東京と大阪には民間放送の教育放送局や準教育放送局を作るというのは、極めて野心的なプランだった。民間放送局は、広告収入に依拠しなければならないので、果たして経営的に成り立つのかがまったく未知数だったからである。

一九五七年、出版社、新聞社、ラジオ局、映画会社など九社が、郵政大臣の調整により合体して教育放送局の予備免許を申請した。その多くは教育放送局ではなく一般放送局の開設を望んでいたのであるが、枠は教育放送局しかなかった。この申請が認められ、一九五九年日本教育テレビとして放送を開始した。キャッチフレーズは「たのしい教育番組、為になる娯楽番組」であり、ＮＨＫの教育番組とは異なる明朗な楽しい教育番組で競争しようとした。しかしながら、世界にも類例を見ないと称された民間教育放送局は苦戦を免れず、教育番組では大幅な赤字続きとなり、西部劇「ローハイド」やギャングもの「アンタッチャブル」などの洋画を「外国文化の紹介」の名目で「教養番組」として放送することなどにより、視聴率と売り上げを稼ぐことになった。その後一九六〇年には、日本教育テレビはNETテレビと改称して総合テレビ化を図った。一九六三年に自ら明らかにしたところによれば、厳密な意味での教育番組は二〇%、教養番組は三〇%という実態であった。

一九六二年、さらに財団法人日本科学技術振興財団テレビ局（東京12チャンネル）が、科学技術番組六〇%、一般教育番組一五%、教育・報道番組二五%の編成をすることを条件にテレビ放送の予備免許を得た。しかし経営不振から、番組制作会社の分離設立、日本経済新聞社への経営引き継ぎなどの末、一九七三年の免許更新時に、NETと共に一般放送局へ移行した。なお現在は、NETテレビはテレビ朝日、東京12チャンネルはテレビ東京となっている。

準教育放送局の制度は、一九六四年の臨時放送関係法制調査会の答申を受けて、一九六七年に廃止され、いずれも一般放送局に移行した。

低俗番組批判と一九五九年放送法改正

テレビは、映像と音声が同時に送られるメディアであるので、視聴者に対し強い情緒的影響力をもつ。テレビ放送の初期に人々を熱狂させたのはプロレスの中継番組だった。ヒール（悪役）の外人レスラーが反則攻撃をほしいままにした後、耐えに耐えていた日本人レスラーが反撃して勝利を収めるという定番の展開が、当時の日本人の心情にぴったりだったのである。視聴率は五割を超え、小中学生がプロレスごっこで相手を死傷させる事故まで起こった。そのためテレビが子どもに悪影響を与えるとして、強い批判がなされるようになった。大宅壮一が「テレビにいたっては紙芝居同様、いや紙芝居以下の白痴番組が毎日ずらりと並んでいる。ラジオ、テレビという最も進歩したマスコミ機関によって〝一億白痴化〟運動が展開されている」として批判したのは一九五七年のことであった。この直後からテレビが普及しはじめて、街頭や飲食店での視聴ではなく家庭での視聴が普通になされるようになっていったのであるが、それにつれて、低俗番組・暴力番組を放送して国民に害毒を流しているという批判も強まった。

政府は民間放送の開始やテレビ放送の普及という新しい状況に対応させるため放送法の改正が必要になったとして、一九五六年、「臨時放送法審議会」を設置してその答申を受けた。しかし、このとき諮問された案には、ＮＨＫに対する郵政省の立入り調査権などの監督権強化策があり、これに反対する宮澤俊義《みやざわとしよし》委員（憲法学者・東京大学教授）ほか三名の少数意見が付記されていたこともあって世論の批判が起こったため、法案提出に至らなかった。

一九五七年二月、岸信介《きしのぶすけ》を首相とする内閣が成立し、一九五八年、放送法改正案を国会に提出した。田中郵政大臣は、改正案の趣旨説明として、一九五〇年の放送法制定後、民間放送が出現しテレビジョン放送が開始されて、一九五六年末には受信契約が七五万件に達し、今後三年間に四〇〇万件になると予想されていることを挙げ、「放送が国民生活に及ぼす影響力が極めて重大になっている」ので「番組の適正を確保するための必要な措置を講ずること」にしたと法案の趣旨を説明した。そして、「放送事業が、ほしいままに、あるいは不注意によって国民の享受すべき放送の恩恵を奪い、あるいは国民に不測の害毒をながすことがないように、何らかの措置が必要である」として、「善良な風俗を害してはならない旨の規定を設けることにした」と述べた。

しかし、これは額面どおりには受け取られなかった。提案したのが東条英機内閣で重要閣僚をつとめA級戦犯となった岸信介首相が率いる内閣であり、しかもこの改正案には、郵政大臣がNHKに対して「その業務に関し報告をさせることができる」という規定の新設条項があって、これが民間放送にも準用されていたことなどから、言論統制強化を真の目的とするものと疑われ、野党社会党の強い反対を受けたのである。

当時は自民党と社会党が保守・革新で対立するいわゆる「五五年体制」の時代であった。しかも法案を提出した岸内閣は改正法案審議中の一九五八年一〇月に警察官の職務質問や所持品検査の権限などを拡大強化する警察官職務執行法改正案を国会に提出し、「デートもできない警職法」というスローガンでこれに反対する国民運動が盛り上がるという事態となったこともあって、放送法改正案はなかなか成立しなかった。二度の審議未了の後、一九五八年一二月に政府が三度目に提出した改正案に、さらに与党自民党がNHKおよび民放に対する報告義務の新設条項を「資料の提出を求めることができる」と修正する案を提出して、ようやく一九五九年三月、放送法改正案は成立した。

放送の自律のための番組基準と番組審議機関の制度の開始

この改正法案は、NHKのガバナンスに関する条項を多く含むものであるが、本書の主題との関係で重要なのは、番組編集準則(現四条1項)に「善良な風俗を害しないこと」という文言が追加されたことであろう。

「公安を害しない」という番組編集準則に「善良な風俗」という文言を追加することは、「公安ヲ妨害シ又ハ風俗ヲ壊乱スル」無線通信(これには放送も含まれる)を禁じていた戦前の無線電信法八条の2とほぼ同じ文言を番組編集準則の一つにするということである。また、戦前の言論統制の中核をなしていた出版法において「安寧秩序ヲ妨害シ又ハ風俗ヲ壊乱スル」出版が禁止され、新聞紙法においても「安寧秩序ヲ紊シ又ハ風俗ヲ害スル」新聞の発行が禁止されていたことをすぐに思い起こさせる改正であった。社会党の森中守義議員は「電波を通じて、旧道徳、旧体制への復元を意図したものであり(中略)我が国の言論と報道の歴史を知り、戦前の言論を(ママ)取締の諸法を知る者にとって(中略)公序良俗なるものが、どのようなものであったか、思うだにりつ然とせざるを得ない」と反対討論している。

しかし、単に出版や新聞の発行を差し止めるだけでなく刑罰も科していた戦前の言論統制法と異なり、この放送法改正案には、刑罰はもちろん、差し止めなどの行政的措置も定められていない。これはむしろ番組編集準則が、新たに追加された「善良な風俗を害しない」という条項を含め、放送事業者にその遵守が強制される法規範ではなく倫理規範であるということをより明確にする改正であったと言える。

もともと番組編集準則は、政府提出の放送法案では公共放送機関たるＮＨＫの業務準則として定められていたものが、等しく公共性があるとして民間放送にも準用するよう国会で修正されたものである。そのためもあって、その違反に対する罰則はなく、またその違反の是正のための行政的な措置の根拠となり得る規定もなかった。それが、この改正法により、各放送事業者が「放送番組の種別及び放送の対象とする者に応じて」「放送番組の編集の基準を定め、これに従って放送番組の編集をしなければならない」という規定が設けられた（現五条）ことにより、番組編集準則ではなく、放送事業者が自らの考えるところに従って自主的・自律的に定めうる「番組基準」こそが、放送事業者に番組編集および放送にあたって遵守が期待される基準であることが明確にされたのである。

そのことは、放送法改正案が一九五八年に国会に上程されたとき、田中角栄郵政大臣が行った法案の趣旨説明から明らかである。田中郵政大臣は「放送の言論機関たる特性を十分に考慮し、ごうも表現の自由を侵すものでないように配慮をいたしております」「(番組編集準則を)いかにして表現の自由を侵すことなく実効あらしめるようにするかが最もむずかした(ママ)問題でありまして、種々工夫いたしました結果(中略)放送事業者の放送の準則及び番組審議機関を設けて、放送事業者の自律によって番組の適正をはかる措置を講ずることにいたしました。(中略)行政権による規制を避けて(中略)放送事業者に自主的な放送番組審議機関の設置を義務づけ、放送事業者はこの番組審議機関に諮問して、その番組編集の基準を作成し、及び、これを公表する義務を負わせ、(中略)その番組基準に従って放送番組の編集及び放送をしなければならないものとして、その順守を公衆の批判に任せようとするものであります。またその番組審議機関には、放送された番組の批判機関たる任務をも持たせ、彼此相和して番組の適正をはかろうとするものであります」(一九五八年三月一一、一四日衆参両院本会議：傍線筆者)と述べた。なお、このときの放送法改正案は審議未了で廃案となったが、再々提出の末一九五九年に成立した改正放送法でも、これらの条項についてはまったく変わりがなく、その国会提出の際行われた寺尾豊郵政大臣の提案理由説明も、ほぼ同一である(一九五八年一二月一〇日衆議院逓信委員会)。

放送法に定められた番組編集準則と放送事業者が自主的・自律的に制定するものとされた番組基準の関係は、このとき追加された「善良な風俗を害しない」という規定についての国会審議から、一層明瞭になった。すなわち「善良な風俗」という、時代によって変転する非常に漠然とした要件を定めることは、政府による放送に対する不当な干渉を招く危険があるのではないかという質問に対して、荘宏郵政省電波監理局次長が「番組基準を各放送事業者が作る場合に、今回、放送法の中に新たに入ったこの「善良な風俗」という言葉は、十分事業者において着目して、よく考えてその基準を作ってくれるものと、かように考えております」と答弁したのである。

つまり、番組編集準則は、放送事業者が番組基準を自主的・自律的に定める際に考慮するべき指標ではあるが、それがそのまま放送事業者に対する法的義務として定められているものではないことが明確になったのである。衆議院逓信委員会で参考人として意見を述べた高田元三郎日本放送連合会(一九五七年にNHKと民放連を中心にして結成された業界団体)専務理事は、永年言論畑にいて戦前・戦中の言論統制の苦難を身をもって体験した者として、言論の規制はどんな穏健なものでも立法者が考えもしなかった悪用が行われるから、ないに越したことはないとしつつも、この番組編集準則の改正案は、放送事業者の自主的責務としている倫理規定であるから妥当であると述べた。

またこのとき、各放送事業者は放送番組審議機関を設置するものとされ、この審議機関は、放送事業者の諮問に応じて放送番組の適正を図るため必要な事項を審議して意見を述べることができ、また放送事業者は番組基準と放送番組編集の基本計画の策定・変更の際は、番組審議機関に諮問しなければならないとされた。これにより、放送法一条によって「放送の不偏不党、真実及び自律」が保障され、「放送による表現の自由」が確保されると宣明されたこと、三条によって「法律に定める権限に基づく場合でなければ、何人からも干渉され、又は規律されることがない」と保障されていることと相まって、日本の放送制度は、放送番組の適正さを放送事業者の自主的・自律的な規律に委ねる制度として完結したのである。

なお、この放送法改正時に、「協会は、国内放送の放送番組の編集に当たっては、（中略）教養番組又は教育番組並びに報道番組及び娯楽番組を設け、放送番組相互の間の調和を保つようにしなければならない」と定められ、これが一般放送事業者に準用されたことにより、「番組調和原則」（現一〇六条１項）が法律上の定めとなった。具体的な番組をこのどのカテゴリーに分類するか、また何をもって「調和」が保たれていると判断するかは、各放送事業者およびその番組審議機関の自主・自律に委ねられている。ここでも、行政が直接介入することは避けられ、放送事業者の自律と世論の批判による是正という手法が守られたのである。

第4章　放送の自由に対する干渉

政治家の干渉

一九五九年の放送法改正によって、自主的・自律的な放送倫理の体制ができあがったように見えた後も、裏面からの政治家の干渉は跡を絶たなかった。特に一九六〇年代は、テレビの受信契約数が一〇〇〇万件から二〇〇〇万件にまでなったことにより、その影響力が飛躍的に増大し、世論を動かす力をもつようになった。そのため日米安全保障条約改定やベトナム戦争など世論を二分した問題で、政治権力の側から番組内容に対する干渉が相次いだ。

一九六〇年、安保条約の改定が大問題になったときには、ＮＨＫは当時の野村秀雄会長の決断により、六月三日から一二日までの夜間のゴールデンアワーの通常編成をやめて、議会制民主主義を守ろうという特別番組を連続して放送した。これに対し、会長室に一〇人あまりの自民党議員が押しかけ、野村会長に対し「ＮＨＫは左偏向している」と攻撃した。しかし会長は「君らがなっていない」「君らはもっと政治を勉強したまえ。ＮＨＫのことはおれに任せたがいい」と言って席を蹴ったという（野村秀雄伝記刊行会編『野村秀雄』〈一九六七年刊〉、日本放送協会編『放送五十年史』四七六頁の引用による）。

一九六二年、TBS「東芝日曜劇場」で放送予定のRKB毎日制作のドラマ「ひとりっ子」が中止になった。スポンサーの東芝が提供中止を申し入れ、キー局のTBSからも受け入れ拒否されたためである。このドラマは、特攻隊で長男が戦死したためひとりっ子になった次男が、防衛大学校に合格した後、母親や恋人の反対で入学を取りやめるというものであった。放送予定日の翌日が防衛大学校の合格発表の日であり、防衛庁と自民党、右翼などから圧力がかけられたためだ、といわれている。RKB毎日労組はスポンサーなしの自主放送を要求したが実現しなかった（日本放送協会編『20世紀放送史　上』五四一―五四二頁、松田浩／メディア総合研究所『戦後史にみるテレビ放送中止事件』六―七頁）。

一九六二年に始まったNETの一話完結法廷ドラマシリーズ「判決」は、法律事務所を舞台に社会問題を扱ったが、税制批判、生活保護行政、教科書検定問題をテーマとした回などが放送中止になったあと、一九六六年打ち切られた。NETは打ち切りの理由は視聴率の低下であり政治的な圧力は一切ないと説明した。しかし、政治家、スポンサーからのクレーム、局の上層部からの台本書き換え要求が相次いだと言われ、そのことによる番組の変容が視聴率低下の背景にあると指摘されている。一九六三年には橋本登美三郎自民党広報局長が民放連の「テレビ番組懇談会」で、「判決」は反社会的で階級闘争に結びつき危険だ、と述べていた（前掲『戦後史にみるテレビ放送中止事件』二〇頁）。

一九六〇年代にベトナム戦争が熾烈になり、一九六五年に北爆（北ベトナムに対する米軍の大規模爆撃）が始まると、それに対する反戦運動も世界的な規模で盛んになった。南ベトナムでは、米国側がベトコンとよんだ南ベトナム解放民族戦線と米軍の軍事支援を受ける南ベトナム政府軍が激しい戦闘を続けたが、その報道番組について、政治家の干渉があった。

最初に起こったのは、日本テレビの「ベトナム海兵大隊戦記」放送中止事件である。一九六五年にサイゴンに入って南ベトナム政府軍に長期従軍取材して作製したドキュメンタリーについて、第一部放送の翌日、橋本登美三郎官房長官が日本テレビの清水與七郎社長に「内容が残酷ではないか」と電話した。問題になったのは、南ベトナム政府軍の兵士がベトコンとの関係を疑って尋問中の少年を銃で殴った後射殺し、その首を切ってぶら下げながら歩いた後投げ捨てるシーンであった。橋本官房長官の電話があった後、清水社長は続編の放送中止を決め、再編集版についても局幹部に対する試写のあと放送中止が正式に決定された。橋本官房長官の電話の背後には、米軍側の南ベトナム政府軍の残虐行為による反米感情の高まりに対する政府の懸念があったものと推測されている（鈴木嘉一『テレビは男子一生の仕事――ドキュメンタリスト牛山純一』一六三―一九三頁）。

一九六七年TBSは、米国が北爆中の北ベトナムに日本のテレビ局として初めて取材班を送り、約一カ月の取材を行った。ニュースショー番組「ニュースコープ」のキャスター田英夫《でんひでお》も同行し、番組で取材した映像を解説する放送をした後、ドキュメンタリー「見てきた北ベトナム」にまとめて放送した。さらにこれを再構成して芸術祭参加作品として「ハノイ・田英夫の証言」を放送した。その直後にTBSの今道潤三社長が田中角栄ら自民党幹部と懇談した際、橋本登美三郎が「なぜTBSは田英夫をハノイに派遣して、あんな放送をするのか」と述べた。今道社長は「報道機関である以上、ニュースのあるところなら、どこへでも人を派遣するのは当然のことである。いま、ハノイは最も重要なニュース源だ。だから、田は私が命じてハノイに派遣したんだ」と反論したという（田英夫『真実とはなにか』一五四－一五五頁）。

しかし一九六八年に、成田国際空港設置反対集会の取材中に発生した成田プラカード事件で、事態は一変した。TBS「カメラ・ルポルタージュ～成田24時」の取材中、反対同盟の幹部から頼まれて取材用のマイクロバスに反対同盟の婦人七名を同乗させたところ、この人たちがもっていたプラカードが凶器になる可能性があるとして、警察の検問で任意提出をさせられたのである。閣議で、TBSは凶器を持った反対派を輸送したと問題になり、閣議後小林武治郵政大臣が今道社長に電話をして、「おまえは社長をやめろ！」と述べた。参議院自民党議員総会では、一部の報道機関が全学連の暴力行為に荷担する動きを示しているので、断固たる処置をとれと、佐藤首相に申し入れる決議をした。福田赳夫《たけお》自民党幹事長は、凶器を持った反対派を輸送するようなＴＢＳには、再免許を与えないという方法もあると、オフレコの記者会見で語った。ＴＢＳは報道局の幹部の降格、同乗を認めた報道部員らの懲戒処分を決定し「カメラ・ルポルタージュ～成田24時」の放送を中止した。これに抗議するために今道社長に面談を求めた田英夫は、逆に、君は「ニュースコープ」を辞めた方が良い、君が出ていることは君のためにもＴＢＳのためにもならないといわれ、その直後に、何の予告も挨拶もないまま、突然「ニュースコープ」のキャスターをやめることになった（前掲『真実とはなにか』一七七―一七九頁、『戦後史にみるテレビ放送中止事件』二六―二七頁）。

一九六六年に放送されたフジテレビの連続青春群像劇「若者たち」は、両親を亡くした五人兄弟がさまざまな問題に出会いながら生きていく姿を描いて人気番組となり、テーマ曲も大ヒットした。しかし、第三三話に在日朝鮮人に対する差別と朝鮮人の民族的自覚を取り上げたところ、直前に北朝鮮の漁船の亡命事件が起こった。船員と船体の引き渡しを求める北朝鮮と、亡命受け入れを表明した韓国とが対立して外交問題となっていたことを理由に、局の上層部が放送中止を指令し、その一週間後の第三四話を最後に放送が打ち切られた。この放送中止は、政治家の圧力というより、それを恐れる局の経営幹部が萎縮したためであろう。第三三話を含むシリーズがＤＶＤとして発売されたのは二〇〇八年になってからのことである。

一九八一年にNHKの「ニュースセンター9時」が「ロッキード事件5年〜田中角栄の光と影」という特集番組を制作した際、三木武夫元首相の田中派を批判するインタビュー部分が放送直前にカットされた。三木元首相は、カットされたインタビューで、「ロッキード事件を風化させてはならない。（中略）政治の腐敗は世の中の乱れのもとだ」と語っていた。当時報道局長であった島桂次が番組全体の放送中止を命じたのに対し、制作現場側が抵抗し、結局ロッキード事件の裁判の推移のまとめ部分のみを放送した。島桂次は後にNHK会長に就任したが、退任後に執筆した『シマゲジ風雲録』で、自民党総務会長からNHK会長にロッキード企画を手控えるように圧力がかかったので放送中止を命じたと書いている（日本放送協会編『20世紀放送史　下』八五頁）。

この事件後、一九八〇年代以降は、政治家の放送番組内容に対するあからさまな干渉が放送中止によって表面化することはほとんどなくなるが、それは必ずしも政治家が放送の自由をより尊重するようになったことを意味しない。放送の側が社会派ドラマより無難な娯楽番組を選択し、報道が権力に不都合な真実の暴露への熱意と執着を弱めた結果ではないかという見方も成り立ちうるからである（松田浩「〝せめぎあい〟の歴史としてのテレビ四〇年」前掲『戦後史にみるテレビ放送中止事件』三―四頁、村上聖一「戦後日本における放送規制の展開――規制手法の変容と放送メディアへの影響」NHK放送文化研究所編『NHK放送文化研究所年報2015』一〇三―一一二頁）。

放送法改正の試みとその頓挫

一九六一年、行政管理庁は電波監理行政について監査し、当時の放送法に民間放送に関する規定が数箇条しかなく、NHKとの関係や任務分担について触れるところがないこと、電波法も放送事業の社会的機能に対する配慮が足りないことを理由に、放送関係法令の再検討が必要だと指摘し、放送のあり方についての基本方針を確立するよう勧告した。これを受けて郵政省は、一九六二年「臨時放送関係法制調査会」を設置した。

民放連は、この調査会の発足時に、民放がNHKと並ぶ法的地位をもつことを明確にすることなどを求めて意見書を提出した。一方NHKは、我妻栄東大教授(民法)、田中二郎東大教授(行政法)ら法学の権威を外部有識者委員とする放送法制研究会を設け、報告書を公表した。注目すべきは、この意見書で、放送行政の計画性・中立性・民主制を確立するため、郵政省の外局として放送委員会を設け、行政・準立法・準司法の権限を持たせることを提言したことであろう。

臨時放送法制審議会は、一九六四年、答申書を提出した。一つの眼目となったのは、放送行政の公正中立と一貫性を保つため、「放送行政に関する委員会」を郵政省に設置し、郵政大臣は、放送局免許など基本事項について、委員会の議決に基づいてのみ権限を行使しうるとする、としたことである。これは内閣に属さない独立行政委員会とすることは避けながらも、重要事項については委員の合議による放送・電波行政を行おうとするものだった。そのほかには、①全国的公共放送事業体としてのＮＨＫと、経営の自由を持ち地域社会との密着性を主な使命とすべき民放の二本立て制度を維持する、②放送法電波の割り当て計画を法律に明示する、③マスメディア集中排除原則の根拠を法律に明示する、④世論の力により番組適正化の自発的努力を促すため、ＮＨＫと民放は番組に関する世論を調査する第三者機関を設置し、その結果を公表する、⑤受信料は法律によってＮＨＫに徴収権が認められた特殊な負担金であり、ＮＨＫの事業以外に使うべきでない、などと答申した。

この答申に基づいて郵政省は電波法と放送法の改正案の策定に着手したが、民放側の、答申はＮＨＫ優先だという反発、言論統制のおそれについての批判、与野党の検討継続などにより、法案の国会提出まで一年半を要することになった。

その改正案の骨子は次の通りである。

①放送法の目的に「放送の持つ教育的機能を通じて、教育の目的の実現と教養の向上に資するようにすること」を加える。②国内放送はＮＨＫと民放の二本立てで行うことを明記する。③放送番組編集準則に、「人命若しくは人権を軽視し、犯罪若しくは暴力を肯定することとならないようにすること」という項目と「青少年の豊かな情操の育成、健全な常識の発達その他

人格の向上に役立つようにすること」という項目を加える。④放送事業者は、公衆の意見を放送番組に反映させるための自主的な世論調査に関する委員会を設け、委員会は放送事業者に対して必要な勧告をすることができ、勧告を受けた放送事業者は必要な措置をしなければならないものとする。⑤ＮＨＫ受信料支払いを法的義務とする。⑥放送事業を営もうとする者は、ＮＨＫを除き、郵政大臣の免許(事業免許)を、電波法の免許に加えて受けなければならないものとする。⑦免許はマスメディア集中排除原則の遵守を条件とする。⑧郵政大臣は、電波の公平且つ能率的な利用を図るため周波数の分配計画を定めなければならないものとする。⑨郵政大臣の電波監理審議会に対する義務的な諮問の項目を拡大し、審議会は郵政大臣の諮問を受けた場合に公聴会を開くことができることにする。

この改正案は、一九六六年国会に提出された。しかし野党社会党は、事業免許制の創設、新たな番組編集準則の付加による放送番組規制強化、放送世論調査機関への勧告権の付与に反対した。事業免許制は電波法の免許と二重になるばかりでなく、三年という短期間で更新が必要となる法案であったこともあり、放送番組内容への統制監督を強化するとして、民放連も反対した。

社会党は、人命・人権尊重と犯罪・暴力否定を求める新たな番組編集準則についても、すでにある「公安及び善良な風俗を害しないこと」という編集準則に含まれている内容であり、ことさらに暴力を抜き出してこの規定を新設するのは番組規制の意図が窺われると批判し、また青少年の豊かな情操の育成などを番組に求める条項についても、文部省の放送番組介入が危惧されるとして反対した。そして、このような番組規制強化策が並ぶ一方で、放送行政を公正中立で行うことを目指して臨時放送法制審議会が答申した「放送行政に関する委員会」の新設をまったく認めなかったのは、法案の意図が放送行政の是正ではなく、言論統制にあることを示していると攻撃した。

この電波法・放送法の改正法案については、与野党の逓信委員会理事の協議により、一旦共同修正案がまとまった。しかし自民党内ではこの修正案に対する反対意見が強く、修正案提出に至らないうちに、通常国会閉幕とともに放送法・電波法改正法案は審議未了により廃案となった。

行政指導による干渉

放送番組内容についての行政指導がなされた最初の事例は、一九八五年一一月のテレビ朝日「アフタヌーンショー」が報じた女子中学生番長のセックスリンチ番組事件についてであった。これは、担当ディレクターが元暴走族リーダーに頼んで仕組んだもので、「真実でない報道が行われ、大きな社会問題を引き起こした」として、郵政大臣による厳重注意が行われた。テレビ朝日は、番組打ち切り、訂正お詫び放送を行った。折から電波法の免許の更新の時期であり、この行政指導には、再免許を交付したのは再発防止に万全の措置をとるとの決意を示したからであり、真摯な取り組みを求める、という要請が記されていた。この事案では、ディレクターに暴力行為教唆で一〇万円の罰金の判決がなされている（鈴木秀美・山田健太編著『放送制度概論――新・放送法を読みとく』三六六頁）。

郵政省は電波監理審議会に、テレビ朝日については厳重注意をし再発防止を求めることを説明して再免許についての答申を求めたから、テレビ朝日にはこの行政指導を受け入れる以外の選択肢はなかったであろう。しかし、放送法は放送内容についての自主的な自律を保障しており、「真実を伝える」というテレビ朝日の番組基準はあくまで各放送事業者が自主的に定めた自律の基準である。行政が乗り出して、番組内容について注文を付けるような指導をすることは自主・自律の制度への過剰な介入ではなかったか。

もちろん行政指導は、その行政機関の所掌事務の範囲内であることが法規上明らかであれば、違反行為に対する処分権限がなくても行うことができる。テレビ朝日に対し、自ら定めた番組基準にあるように事実に基づいた報道をするよう勧告することはできたであろう。しかし、この事例の場合単なる勧告ではなく、放送番組編集基準はその違反が再免許の拒否につながるという意味での強制力をもっているという行政当局の表明がついていたのであるから、自律的な基準の遵守を、放送免許の更新を背景とした行政指導という形で、政府が事実上強制することの可否が、このときもっと論じられるべきだったのではないか。

しかし、そのような議論は起こらず、以後、一九九三年の「ＮＨＫスペシャル　奥ヒマラヤ禁断の王国・ムスタン」に対する行政指導など、番組内容についての行政指導が当然のことのように繰り返された。

次のターニングポイントとなったのは、一九九三年に起こった「椿発言」問題である。このとき初めて、各局が定める番組基準違反ではなく番組編集準則（現四条１項）違反が正面切って問題となった。

「椿発言」と郵政省の法解釈変更

一九九三年の総選挙で自民党が過半数を割り社会党が議席をほぼ半減させ、新生党、日本新党、新党さきがけが躍進した。その結果、一九五五年以来継続していた、保守の自民党が常に多数党として政権を握り、革新の社会党が一定数の議席を得てその政策を批判するという「五五年体制」は崩壊した。このとき産経新聞は、テレビ朝日椿貞良《つばきさだよし》取締役報道局長が、民放連の放送番組調査会で、「非自民党政権が生まれるように報道せよと指示した」と発言したと報じた。番組編集準則の「政治的に公平であること」に違反する放送が意図的になされ、選挙の結果に影響を与えたのではないかという疑惑が生じて、大問題となった。

自民党は「民主主義の根幹に関わる問題だ」とし、椿報道局長の国会証人喚問を求めた。椿報道局長は、国会で証言して、「すべてのニュースとか選挙放送を通じて、やっぱしその五五年体制というものを今度は絶対突き崩さないとだめなんだという、まなじりを決して今度の選挙報道に当たったことは確か」「今は自民党政権の存続を絶対に阻止して、なんでもよいから反自民の連立政権を成立させる手助けをするような報道をしようではないか（中略）そういう考え方を報道部の政経のデスクとか編集担当者とも話して、そういう形で私どもの報道はまとめていた」などと放送番組調査会で発言した事実は認めた。しかし、個人的にそういう考えはもっていたが局員に対してそういうことを指示したり、示唆したりしたことはない、これは不用意で、不注意で、荒唐無稽な暴言であり、テレビ朝日の報道が実際にそういう形でまとめていた事実はなく、現実の報道が公正、中立を逸脱したことはないと証言した。

この時期は放送免許の更新時期であり、郵政省はテレビ朝日に対して「発言について事実関係が明らかになった時点で、改めて必要な措置をとる」という条件付きの再免許を行った。テレビ朝日は特別調査委員会を設置し、翌年その調査結果を公表した。それによれば、椿局長が特定の政治的意図による指示または示唆をしたことはなく、放送内容の検証結果は、公平性に配慮しており、偏向や不公平があった事実はないというものだった（前掲『20世紀放送史　下』三五〇頁)。

これを受けて郵政大臣は、番組編集準則に違反する事実は認められないので法律による措置は取らないが、役職者の人事管理などを含む経営管理面で問題があった、としてテレビ朝日に対し厳重注意をし、人事管理のあり方の見直し、役職員の教育・訓練の充実などを強く要請し、その取り組み状況について当分の間年度当初に報告することを求める行政指導を行った。

このときの総選挙は「五五年体制」の崩壊が起こるのかどうかという重大な選挙であり、有権者が問題をよく理解したうえで選択できるような議論を尽くす放送が求められていたというべきだろう。もちろんそこで虚偽の事柄を放送したり、事実を歪めて伝えたりすることは許されないが、政府与党が行ってきた政策の評価や野党側の主張についての議論の内容を公正に伝えることは、たとえその結果が一方に有利になるようなものであったとしても、公平性や中立性を害したとは言えない。単に与党側と野党側の主張を機械的に並列しただけでは、有権者が問題を理解したうえで選択できる材料を提供したということはできないから、放送の使命を果たしたことにはならないのである。椿発言の内容に行き過ぎと思える表現があるのは確かであるが、報道局長としてそのような指示をしたわけではなく、テレビ朝日が虚偽の事項を伝えたとか事実を歪めて伝えたということもなかった。放送した内容に公正さを失ったものがなかったと認められた以上、その是正は、放送における政治的公平とは何かについての幅広い人々による真摯な議論と、それを踏まえたテレビ朝日の自律に委ねられるべきだったのではないか。

そもそも行政当局が放送外の発言について「行政指導」に乗り出し、しかも、役職者の人事管理などを含む経営管理面で問題があったとして「厳重注意」する行政指導を行ったことには問題がある。放送事業者の人事管理について郵政大臣が「厳重注意」し、当分の間年度当初に報告するよう求めることは、放送事業者が自由に経営判断するべき事柄への不当な干渉以外の何物でもないであろう。これでは、放送事業者の人事管理は行政当局の監督下にあるということになってしまう。このような「行政指導」に対する批判がもっとなされるべきであった。

しかもこの行政指導は、番組編集準則違反が「法律による措置」の対象になることを明らかにしたものである。江川晃正郵政省放送行政局長は、椿発言が報道された後の記者会見で、番組編集準則違反があれば電波法七六条の停波処分の対象となることを明言していた。番組編集準則違反があるとの行政指導は、停波処分という制裁があるという政府当局の警告の意味ももつことになり、行政指導の意味が一変したのである。しかしそのことに対する十分な議論が行われたとは言いがたい。

なお、「政治的公平」や「事実をまげない」という番組編集準則違反があったことを明示的に理由として掲げて最初に行政指導（総務省情報通信政策局長による三件の厳重注意）がなされたのは二〇〇四年のことであるが、このときもそれが果たして適切な法解釈であるのかという議論がなされることはなく、放送事業者は黙ってその指導を受容し続けた。この後行政指導は、小泉内閣、第一次安倍内閣、そして麻生内閣のもとでは、それまで年に一、二件だったのが年三件から六件と約二倍の頻度で行われた。行政指導が特に頻発したのは第二次安倍内閣のときであり、一年あまりの在任期間中六件の行政指導がなされた。

捏造番組に対する放送法改正案提出と放送倫理検証委員会の設立

二〇〇七年、関西テレビ「発掘！あるある大事典Ⅱ」が、納豆にダイエット効果があるという内容の番組を専門家のコメントや実験データを証拠として示して放送し、番組放送後、全国のスーパーで納豆が売り切れるという騒ぎになった。しかし、その後、ここで示された外国人専門家のコメントは実際の発言とまったく異なる日本語音声をボイスオーバーで付けたものであり、実験データは実際には測定されずに捏造されたものであることが明らかになった。

関西テレビは番組を打ち切り、外部有識者による「発掘！あるある大事典調査委員会」を設置した。その調査結果によれば他にも八件の捏造があり、その背景には、番組制作の構造問題として、テレビ局と制作会社との間に、局が無理な制作条件を押しつけるなどの不適切な契約関係があると指摘された。関西テレビは調査結果を受け入れて訂正放送を行い、謝罪した。

この案件については、番組編集準則の「報道は事実をまげないですする」という項目と、関西テレビが定める番組基準に違反するとして、菅義偉総務大臣の「警告」がなされ、再発した場合には、法令に基づき厳正に対処するとの制裁予告が申し添えられた。また再発防止策とその実施状況についての報告も求められている。このとき菅総務大臣は、国会で、行政指導と停波や免許取消の処分の間に開きがありすぎるので、事実を曲げた報道の再発を防止するため、自主的な計画を策定して提出してもらうという放送法改正を検討していることを明らかにした。

このときの放送法改正法案は、ＮＨＫのガバナンス強化（経営委員会の委員が個別の放送番組の編集に干渉することを禁じた規定の追加など）や、国際放送の要請放送制度（政府が国の重要事項を国際放送することをＮＨＫに要請できるという制度。それまで命令できるという制度だったものを改正した）など通信・放送分野の改革推進を目的とした改正案であった。そこに、総務大臣は、放送事業者が「虚偽の説明により事実でない事項を事実であると誤解させるような放送」をしたために、国民経済や国民生活に悪影響を及ぼしたり、その恐れがある事態となったと認めるときには、その放送をした放送事業者に同じような放送の再発防止計画の策定とその提出を求めることができるという条文を付け加えたのである。しかも総務大臣は提出された計画を検討して、意見を付けて公表するものとされた。

総務大臣が番組内容について事実かどうかを認定したうえで再発防止策の提出を命じる行政処分をすることができるというこの改正案は、番組内容の真偽について総務省が調査する権限を持つことを意味する。そうすると、放送法一七五条の規定により「政令の定めるところにより、放送事業者(中略)に対しその業務に関し資料の提出を求めることができる」から、総務省令を定めて取材テープなどの番組制作資料を提出させることもできるようになる。そのため厳しい批判があった。

衆議院総務委員会における法案の趣旨説明で増田寛也総務大臣は、放送事業者がそのような放送をしたことを自ら認めたときのみをこの規定の適用対象とすることと、NHKおよび民放連が自主的に「BPO(放送倫理・番組向上機構)」(二〇〇三年設立)の機能強化による再発防止への取り組みを開始したので、BPOによる取り組みが機能していると認められる間は適用しないことを繰り返し表明した。しかし、このように適用を限定するというのはあくまでも総務省の運用の予定の表明であるというのが小笠原総務省情報通信政策局長の答弁であり、法案に規定されたものではなかった。また増田総務大臣は、放送事業者の自律的な対応ができないときは電波法七六条(停波処分)の適用が可能だ、行政指導は今後も行うとも答弁した。

「虚偽の説明により事実でない事項を事実であると誤解させるような放送」とか「国民経済又は国民生活に悪影響を及ぼし、又は及ぼす恐れがある」という要件は漠然としているため、総務大臣が処分の対象として認定する境界が明確でない。そのため放送事業者は問題を引き起こすことを恐れて、放送するべきことも放送しないという萎縮効果がもたらされる。民放連会長も「放送事業者の経営陣から取材・報道・制作現場までをも萎縮させ、国民が期待する豊かな番組づくりを阻害する」とのコメントを出して、立法に反対した。

このような行政処分権限を総務大臣に与えることに対する反対は強く、二〇〇七年の参議院選挙で民主党などの野党が過半数を占めたこともあって、この条項は削除するという修正案が成立した。その際「放送番組の適正性に関し、放送の不偏不党、真実及び自律が十分確保されるよう、BPO（放送倫理・番組向上機構）の効果的な活動等関係者の不断の取組みに期待する」（衆議院。参議院も同旨）との付帯決議がされた。

BPOとNHKと民放連は、すでに二〇〇七年三月に、菅総務大臣（当時）が放送法改正の意向を表明したことを受けて、この法案の成立を阻止するため、法律に代わる機能を持つ自律的機関として新たにBPOに「放送倫理検証委員会」を設けることに基本合意していた。放送倫理検証委員会は、その設立以後、放送倫理に関する問題案件を専門的に扱い、意見や見解を公表して、自主・自律の放送倫理の制度の実効化に尽力することになるのであるが、その具体的な活動については、第3部第2章で紹介する。

第2部　憲法から見た放送の自由

第1章　放送法四条と表現の自由

表現の自由が尊重される根拠

表現の自由については、それが基本的人権として保障される根拠の定式化された理論がある。どの憲法教科書にも書かれているのは、「個人が言論活動を通じて自己の人格を発展させるという、個人的な価値(自己実現の価値)」と、「言論活動によって国民が政治的意思決定に関与するという、民主政に資する社会的な価値(自己統治の価値)」である(芦部信喜/高橋和之補訂『憲法　第七版』一八〇頁)。

しかし、なぜこのような価値が、国会の立法に際しても尊重されなければならないのかについては、さらに説明が必要であろう。

最初の「自己実現の価値」といわれるものは、人間が個人としてもつ対等な人格と、誰もが尊重すべきその尊厳に根ざすものである。人間は理性をもった自分で考える存在であり、考えたり感じたりしたことから自分という独立した人格を形成していく。それは他のすべての人にも共通であり、そこには優劣はない。そのような個人がより深く考え、より広い視野と感性を獲得してさらに発展していくためには、自分の思いや考えを他の人に自由に表明することが可能であることが必要である。なぜなら、その表明に対する他者の反応を知り、また自分にはなかった他者の思考や感性に接することができるという相互作用がそこに起こり、それにより、人は自己が何者であるかを一層深く理解し、また社会の多様性を知ることができるからである。つまり他者とのコミュニケーションを媒介として、その人格は発展して、さらに深く自分で考え、それを表明できる自立した個人となる。この自立した個人こそが民主的な社会の基盤になりうるのであるから、自己の内面を表現し他者とコミュニケートする自由はこの社会で最大限に尊重されなければならない。

二番目の「自己統治の価値」は、もっと具体性のある功利的な考え方である。個人が自己の意見を表明し、それを他者と闘わせて政治過程に参加する自由が認められていることにより、民主主義社会における統治は、自己が参加して自己を統治する過程となり、それがその統治の正統性の根拠となる。またそのような自由な議論を尽くして知恵を出し合うことによって、その社会の構成員の総体にとってより望ましい結果が得られる可能性が高まる。したがって、この自己統治の過程は社会にとって有益なものとして尊重されるべきであるから、自由な情報の交換は、憲法上の基本権として保障されなければならないというのである。最高裁判所は「主権が国民に属する民主制国家は、その構成員である国民がおよそ一切の主義主張等を表明するとともにこれらの情報を相互に受領することができ、その中から自由な意思をもつて自己が正当と信ずるものを採用することにより多数意見が形成され、かかる過程を通じて国政が決定されることをその存立の基礎としている」と述べている（一九八六年六月一一日最高裁判所大法廷判決）。

自由な情報交換こそ望ましい結果をもたらすというのは、「思想の自由市場」と呼ばれる考え方である。意見の違いがあれば、公の場で自由に議論し、それにさまざまな立場の人々が参加して意見交換することによって、あたかも市場における自由な商品取引により適正な価格が形成されるように、おのずから適切な結論が形成されていくであろうというのである。ここでは、あらゆる言論が自由に参加できなければならないから、政府がそれを抑制することはごく例外的な場合にしか許されないし、自分がそれは間違っていると思う考え方でも排除せず、言論をもって対抗しなければならないとされる。言論が闘わされることにより誤った言論が是正され、より深い意見の形成と意味の認識がもたらされると考えるのである。

「知る権利」の保障の意義

以上に述べたことから明らかなように「自己実現の価値」も「自己統治の価値」も、情報の交換の過程で実現されていくことが想定されており、逆に言えば、自己実現あるいは自己統治にとって不可欠な情報を知る権利が保障されていなければ無意味となる。そのため、憲法には明記されていないが、「表現の自由」には、自分に必要な情報を自由に「知る権利」の保障も当然に含まれていると理解されている。世界人権宣言は、表現の自由について定めた一九条で「この権利は、干渉を受けることなく自己の意見をもつ自由並びにあらゆる手段により、また、国境を越えると否とにかかわりなく、情報及び思想を求め、受け、及び伝える自由を含む」と規定している。つまりここでは、「表現の自由」は単に情報と思想を伝える自由ではなく、求めてそれを受ける自由、つまり「知る権利」と一体となった人権であるとされているのである。

そして、このような「知る権利」を意味のあるものとして実現するためには、単に自由な情報の流通を許すだけでは、本当に必要な情報が得られる保障がないので不十分である。特に、複雑化し、多様化した現代社会では、社会生活に必要とされる基本情報を収集し、即時にあまねく発信して「知る権利」に奉仕する役割を担う機関が必要となる。マスメディアは、社会の構成員にとって必要な情報を直ちに平等に伝達することにより、その社会にとっての共通認識を形成する役割を果たしている。そのことによって、統一した民主主義社会の基盤が形成されるのであるから、マスメディアがあらゆる情報を伝える自由をもつことは、極めて重要な意味をもっている。

放送の免許制の憲法上の意義

放送も表現の一つの形態であるから、憲法二一条が定める表現の自由の保障が及んでいる。しかし、放送の場合は、そもそも電波法の定めに従って国の免許を受けなければ発信が許されないという重要な制約がある。

戦前の国にとって最も重要な電波の使途は軍事であり、軍事目的の電波使用を最優先とし、その余りを、国が一方的に定める制約に従うことを条件に民間にも使用を認めたにすぎなかった。戦後、憲法の制定により表現の自由が認められたが、電波には多数の人が同じ周波数で勝手に発信すると混信して聴取不能になるという性質がある。そこで電波の公平かつ能率的な利用の確保のため、国が一定の周波数を特定の人に割り当てるという免許制が採用された。割り当ての方法としては、先着順、抽選、あるいは、最も高額の電波使用料の支払いを表明した人に免許を与えるというオークション制も考えられるが、申請内容を国が審査して適切と認めた者に免許を付与するという方式が採用されたのである。

国の免許制がとられていることは、放送という表現の自由を制約するものであるが、これは放送の内容(表現内容)の規制ではなく、放送という表現の方法に関する規制であるから、混信の防止など電波の公平かつ能率的な利用という重要で正当な目的のために行われている合理的で必要な規制であれば、憲法二一条違反とは言えない。

しかし、現在行われている放送の免許とその更新の申請に際しては、周波数や出力、放送エリアといった電波の利用方法についての技術的事項ばかりでなく、事業計画書に、放送番組に関する参考事項として、更新申請の場合は放送法四条1項各号(番組編集準則)に関する実績を各号ごとに記載することになっている(総務省情報流通行政局「地上基幹放送局再免許等申請マニュアル」)。これは二〇一〇年に改正された放送法で、基幹放送の業務を行おうとする者は「基幹放送普及計画に適合することその他放送の普及及び健全な発達のために適切であること」が求められており、さらに「放送法関係審査基準」(総務省訓令：職員に対する命令)の定める地上基幹放送認定の審査基準に、放送番組の編集が放送法四条の番組編集準則に適合していることを求める項目があるからである。

総務省は一九九三年以降、番組編集準則はその違反に電波法七六条による処分という制裁の伴う法規範であると解釈しているので、このような免許更新時の審査基準を定めることは当然であると言うのであろう。しかし、法律には何も明記されていないのに、それを遵守していることを審査の基準として総務省訓令という内部の指令で定めて、その実績を申告させるという方法に問題がある。しかも番組編集準則の遵守は、電波の公平かつ能率的な利用という免許制度本来の目的とは合理的な関連もなければ必要な規制とも言えないのではないか。この放送免許は五年ごとの更新制であり、しかも「放送の普及及び健全な発達のために適切であること」が、過去の実績で証明されなければならないとされているから(基幹放送局の開設の根本的基準三条2項)、このような免許更新の審査方法は、放送法の番組編集準則を放送事業者に事実上強制することになっている。

放送法による規制と表現の自由

放送法という法律によって付されている制約のなかには、番組編集準則(四条1項)、番組基準制定義務(五条)、番組審議会設置義務(六条)、訂正放送義務(九条)、番組調和義務(一〇六条)のように、放送における表現の内容に直接影響する規定がある。新聞や出版にこのような制約がないことと比較すれば、放送という表現が異なる扱いを受けていることは明らかである。このような放送の表現に対する法律による制約が憲法に違反しないのかどうかは当然問題となり、放送法の制定時から絶えず議論されてきた。

放送という表現に対してこのような規制をすることが許される根拠として挙げられるのが、電波の希少性と、放送による表現のもつ特殊な社会的影響力の二つである。この二つは欧米における放送規制の論拠としても挙げられてきた。

電波の希少性というのは、電波は公共の財産であるところ、放送に使用しうる電波の周波数は限られており、放送事業を営みたいという希望者数に比べて著しく少ないので、その使用を特に許される者に対しては、放送内容について公共の利益の観点から一定の制約をすることが許されるという議論である。しかし電波の希少性論に対しては、現在ではBS、CSによる多チャンネル化が実現しており、電波が特別な規制を合理化するほど希少であるとは言えないという反論がなされている。米国の連邦通信委員会(FCC)は、一九八七年フェアネスドクトリン(公平原則：公共的重要性をもつ論点の放送義務とそれについて対立する視点を提示する義務)を廃止したが、その主な理由は電波の希少性は緩和されていることであった。

また、放送による表現のもつ特殊な社会的影響力という規制の根拠論は、テレビ放送が、音響を伴う動画という強烈な情動作用をもつ表現を直接家庭内に送り込んでおり、しかも電波は放送地域全体に一斉に届くため、他のメディアには見られない強い社会的影響力をもっているので、社会の利益を考えて一定の規制をすることは許されるという議論である。これに対しても、特別な規制が必要なほど印刷物の持つ影響力と違いがあるというのは実証的な根拠がないし、現在ではむしろインターネットが流す情報の方が強い影響力を発揮しており、現にインターネットで流れたフェイクニュースによって米国大統領選挙でトランプ候補が有利になったり、英国のEU離脱国民投票が影響された事実があると指摘されている。

したがって、これらの放送法上の規制を、政府が行政権を行使して強制できる規制であると解釈すれば、表現の自由を規制する根拠となりうる事実は存在しないか、論拠として薄弱であるので、これらの規定は違憲無効ではないかと考えられ、最近ではそれがむしろ有力な学説となってきている。

最も問題となるのが、表現内容に直接かかわる規定である番組編集準則である。この規定を政府が強制できる法規範であるとすることは、「公安」や「善良な風俗」という曖昧模糊とした規定が何を意味するのかを政府が決めて強制することができ、また何が「政治的に公平」な表現であるかをマスメディアによる監視の対象者である政府が自ら決めることを意味している。「事実」を曲げたかどうかは、何が「事実」なのかを決めなければ言えないことであるが、それを政府が決めて強制できるとすれば、報道の自由が危機に陥ることは明らかである。「意見が対立する問題」という規定についても同じことが言えるであろう。要するにこれらの規定は、番組内容を政府の意向に添って恣意的に変更させることが可能になるような不明確で漠然とした規定なのであり、これが法的強制力をもっているのであれば、表現の自由を侵害する違憲の規定であるから無効である、ということにならざるを得ない。

そこで多くの学説は、この番組編集準則は放送事業者が自主的・自律的に守るべき倫理規範として定められたものであり、政府によって強制されるものでないとしているのである。

倫理規範の意味

この倫理規範説に対しては、番組編集準則は各人がその良心に従って守るべきだと思うときに自発的に守る道徳律ではなく、一律に守るべきものとして法律に規定されたコードなのだから、倫理規範というのはおかしいという疑問が生じるかもしれない。しかし法律の規定には、その対象者に義務を課す文言が使われていても、その義務を政府や裁判所が強制できない規定がある。

成文法となっているが履行を強制できない義務としては、憲法二七条1項の勤労の義務、少年法六一条の少年の氏名等の新聞等への掲載禁止、民法七五二条の夫婦の同居義務などがある。これらの義務は、行政による強制や裁判所の判決の執行ではなく、その対象となった者が自らの意思で履行することが法によって期待されているのであり、その意味で倫理規範と呼ばれる（渋谷秀樹『憲法　第3版』三九一―三九二頁、同「放送の自由のために――番組編集準則の規範的性質についての覚書」門田孝・井上典之編『浦部法穂先生古稀記念　憲法理論とその展開』四三二頁）。

一般に、国が立法してそれを政府や裁判所が強制できる規範を「ハード・ロー」といい、国以外のものが定立したか、あるいは政府や裁判所が強制できない規範を「ソフト・ロー」と呼ぶ。放送法は番組内容規制を自主・自律のソフト・ローとするという全体構想に従って、放送事業者の自律に委ねているのである。

放送という制度と表現の自由の関係

ここで考えておかなければならないのは、放送という形態の表現は、あくまでも放送という制度のうえに実現しているということであろう。これまで、放送による表現をあたかも個人が行う表現と同じものであるかのように議論してきたが、現実の放送はそれとは違うことが明らかである。免許を受けなければそもそも放送できないという制約だけではない。番組は出演者とディレクター、カメラマンなどのスタッフがプロデューサーの指揮の下で制作し、さらに局内でさまざまなチェックを受けたうえで、テレビ局の番組編成に従い、最終的には経営者の判断を経て、初めて放送される。この場合、表現の自由を行使しているのは放送局という法人組織であり、個人ではない。

その場合、放送局に個人のような「自己実現の価値」を考えることはできない。放送局の表現の自由が特に保護されるのは、もっぱら、自由な情報交換と意見表明により政治過程への参加が保障されるという「自己統治の価値」に根拠があることになる。つまり、放送には社会生活に必要な情報を即時に伝えて視聴者の知る権利に貢献するという機能があるからこそ、その表現の自由が認められているのだということになる。

さらに、放送を民間の放送事業者の自由に委ねて競争させるだけでは、ここで期待されるような、社会にとって重要な情報を多角的視点で視聴者に伝えて、その選択が適正になる基盤を用意するという機能は果たされないのではないかということが問題となる。民間放送の事業者は、コマーシャル収入の最大化を図るために視聴者の大多数が好む娯楽番組を提供しようとするから、そこでは少数意見や異端の見解はもちろん、知性を高め教養を深めるような番組も敬遠されていく恐れがある。また、市場の自由に任せた場合、巨大な資本力をもった事業体が放送事業を独占あるいはそれに近い寡占状態にすることにより、情報発信の多様性が失われる可能性があることも指摘されている。

そこで、政府が放送という制度を構築する際には、それが情報の受け手の利益を最大化して民主主義社会の健全な発展によりよく奉仕するようにする必要があるので、そのための法制度上の規制は許されるのではないかという考え方がされる。これは、放送だけは他のメディアに比べて政府に規制されてもいいのではないかという理論であり、「部分規制論」とよばれている。この議論では、歴史的な経緯によりすでにその自由を確立している新聞や出版があり、その存在が表現の自由の保障の基盤となっているので、よりよい放送制度のためであれば「放送の自由」が部分的に制約されることがあってもよいと考える。たとえば、放送事業者がその地域の独占的な情報供給者になって、その放送事業者にとって好都合な情報しか放送しないという事態が起こるのを防止するために放送局の兼営などを禁止する「マスメディア集中排除原則」は、このような制度的制約の例である。

ただ、このような制約が放送の内容についてまで及ぶことになると、表現の自由との関係で問題が生じてくる。教養番組、教育番組、報道番組および娯楽番組を設け、その相互の調和を保つことを義務づける「番組調和原則」は、多様な情報を伝えるという放送制度上正当な目的をもつ規制であるが、それぞれの種別に応じた内容の放送をすることを義務づけているという面では表現の自由の侵害となりうる。ただ、この原則の場合、特定の番組をどの種別に分類するかは、放送局の自主的な判断に委ねられている（ただし、その種別の基準と種別ごとの放送時間などは各局の放送番組審議会に報告しなければならない）ので、前述したソフト・ローであることが明白で、いずれにせよ憲法問題とはならない。

さらに進んで、放送番組編集準則はどうか。先に述べたように、多くの憲法学者は、この規定はこれを倫理規範（ソフト・ロー）と考えないかぎり違憲無効だとするのであるが、部分規制論の立場から言えば、この規定は、一方で望ましい放送の基準を法律でアナウンスすることによって放送事業者がそれに沿う放送を実現するという効果をもつと共に、他方で政治家が放送内容に干渉してきたときに、それは政治的公平性という放送法の規定に反するから受け入れられないなどと抗弁する根拠となるので、法規範として存在することには意味があるということになる。ただ、政府がこの規定を根拠に、たとえば政治的に公平でない放送をしたとして電波法七六条の定める停波処分ができるかどうかについては、部分規制論を支持する学者の間でも意見が分かれる。この場合、特定の番組が番組編集準則違反だとして電波法の処分規定の適用まですれば、その適用は憲法違反になると考えるのであれば、倫理的規範(ソフト・ロー)説と変わらない結果になろう。

第2章　自主・自律の制度としての放送法

放送法四条についての現在の総務省見解

「ＮＨＫスペシャル　奥ヒマラヤ　禁断の王国・ムスタン」というドキュメンタリー番組で「真実ではない報道」があったとして問題になったことなどを受けて、一九九三年二月に衆議院逓信委員会の集中審議が行われた際、木下郵政省放送行政局長は、形式論的には番組編集準則違反に対しては電波法七六条の停波処分を行うことが法律上可能だと答弁した。ただ、続けて「放送番組の適正化という点につきましては自律に基づくということを基本的な考え方としてやっていくべきである」と述べており、このときまではあくまでも形式論理的に可能というだけで、まだ解釈の変更が表明されたわけではなかった。

しかし、この年の七月に行われた総選挙で自民党が政権を失ったあと、テレビ朝日の椿貞良《つばきさだよし》取締役報道局長の「椿発言問題」が起こり、一〇月、江川郵政省放送行政局長は記者会見で「もし、放送法に違反する事実があれば、電波法七六条によって、一定の措置がとれる。例えば一定期間電波を止めることができる。事実上の営業停止だ」と述べた（清水直樹「放送番組の規制の在り方についての議論――放送法における番組編集準則の規範性を中心に」『レファレンス』七八九号、八九頁）。このときから番組編集準則違反が電波法七六条の停波処分の対象になりうることを、政府が国会答弁でも明言するようになった。

それをさらに一歩進めて、政治的公平性に欠けた番組があれば、それが一つの番組のみでも電波法七六条による停波処分があり得るとしたのが、第三次安倍内閣の高市早苗総務大臣が国会で行った一連の答弁である。

高市総務大臣は、まず二〇一五年五月一二日、参議院総務委員会で、「一つの番組のみでも、選挙期間中又はそれに近接する期間において殊更に特定の候補者や候補予定者のみを相当の期間にわたり取り上げる特別番組を放送した場合のように、選挙の公平性に明らかな支障を及ぼすと認められる場合といった極端な場合」には政治的に公平であることを確保しているとは認められないと述べた。さらに「一つの番組のみでも、国論を二分する様な政治課題について、放送事業者が一方の政治的見解を取り上げず、殊更に他の政治的見解のみを取り上げてそれを支持する内容を相当の時間にわたり繰り返す番組を放送した場合」には政治的に公平であることを確保しているとは認められないと述べた。

そして翌二〇一六年二月、高市総務大臣は、そのような場合には電波法七六条による停波処分が行われうることを国会で明らかにし、さらに停波処分のなされる要件についての見解を表明した。

「法律の規定に違反した放送が行われたことが明らかであることに加えまして、その放送が公益を害し、放送法の目的にも反し、これを将来に向けて阻止することが必要であり、かつ同一の事業者が同様の事態を繰り返し、かつ事態発生の原因から再発防止のための措置が十分でなく、放送事業者の自主規制に期待するのでは法律を遵守した放送が確保されないと認められるといった、極めて限定的な状況のみに行う」と述べたのである。しかし、電波法七六条の停波処分の要件をこのように制限して解釈する根拠となる規定は放送法にも電波法にもないから、これはあくまでも総務省の運用指針に止まるものである。

総務省は、「一つの番組のみでも」政治的公平性の遵守にについて判断できるという高市総務大臣の答弁を受けて、二〇一六年二月一二日「政治的公平の解釈について（政府統一見解）」を発表した。「「番組全体」は「一つ一つの番組の集合体」であり、一つ一つの番組を観て、全体を判断することは当然のことである」ので、高市総務大臣の見解は、「これまでの解釈を補充的に説明し、より明確にしたもの」だというのである。

しかし従来の政府見解は、一つの番組が明らかに政治的公平性を欠くと政府が認識したときでも、それだけでは放送法四条の番組編集準則違反とは判断できず、それを補正するような別の番組があるかどうかを検討してから、初めて放送法四条違反の有無が判定できるということであった。高市総務大臣の見解は、この政府見解に、政治的公平性の欠如が極端であるときは、その一つの番組のみで違反の認定ができるという新たな例外を付加したものである。

一番組でも放送法違反と認定され、テレビ局にとっては死刑判決に等しい停波処分がなされる可能性があるということになると、当然、政治的に公平でないと言われる恐れのない無難な範囲でのみ放送するということになるだろう。これでは国民の知る権利は満足されないことになるので、この例外的要件の付加は重大である。

放送法の運用についてこのような問題が生じるのは、番組編集準則違反と電波法七六条が結びつけられているからであるが、このような解釈は、放送法の立案者の見解とも、その後政府が維持してきた解釈とも異なっている。次に、歴史的経緯を少し詳しく振り返りながら憲法問題を検討してみよう。

修正された政府案の憲法上の問題点

放送法は、GHQの指示の下、新憲法に適合する法律として立案され、公共放送を担うNHKが特殊法人として設立されることになった。この第一次放送法案では、そのNHKが行う番組編集についての規定を置いていた。それが四六条の「放送番組の編集」という条項と、四七条の「政治的公平」という条項である。

政府はGHQの勧告に従って放送法案を作り直し、電波三法と呼ばれた放送法、電波法、電波監理委員会設置法が、一九四九年一二月、国会に提出された。このときの放送法案では、四四条3項として放送番組の編集の規定が置かれ、「政治的公平」については同一の文言が四五条として規定された。

この四四条と四五条はNHKにのみ適用のある規定であるので、民間放送には、広告について、広告主と広告放送であることの告知を義務づけた五一条と、公職の候補者の選挙運動放送についての五二条のみが、放送内容の規制として規定される法案となっていた。つまり、民間放送については、ほぼ完全な自由を認める法案であったのである。政府は「民間放送につきましてはあくまでも自由闊達に、のびのびと事業の運営をやるべきである」「民間放送の発達を考えまして、わざわざ条文において事こまかく書かなかった」と国会で答弁していた。

なお、GHQはNHKについても「プログラム編集の自由」を認めて「政府の制限を受けない」ようにすることを求めていたので、なぜ四四条や四五条の規定を置くことを容認したのかが疑問になる。

これはおそらく、NHKをこの法律により設立される「公共放送」目的の特殊法人として立法したことによるものである。国民が知るべきことをあまねく伝える「公共放送」の設立は、民主主義の発展に資するという正当な目的を持つ施策である。そして「公共放送」である以上、受信料を払うすべての視聴者の「知る権利」を等しく満足させなければならないから、不偏不党の立場を貫き、意見が分かれる問題については多角的に論点が紹介されなければならないし、公共的な報道機関としての最低限の要請として、事実を曲げない報道が求められる。しかも、これらの番組編集準則は、この法案では、あくまでもＮＨＫの業務準則として与えられたものであり、「政治的公平」についての判断など、その実行は、法律が定めるＮＨＫの運営機構に委ねられており、政府が直接指揮・命令できるものではなかった。

そして「公共放送」の制度を立法することは、憲法上容認されうると言える。法律により特別に設立され、人事や予算に政府や国会が関与する「公共放送」事業者に、受信料の徴収を認める代わりに、全国での放送サービスの展開や、そのサービス内容についての公共的見地からの規制を求めることは、その方法に合理性があるかぎり認められうるのである。問題は、その際、「公共放送」の番組編集についても規制しうるのかであるが、政府が提出した原案は、国民の「知る権利」へよりよく奉仕するという正当な目的をもった合理的な規制に限られていると言いうる内容なので、憲法に違反しないと言えるであろう。

さらに、この政府原案は、一方ではＮＨＫの放送に一定の規制をしながら、他方で民間放送には完全な表現の自由を与えるものであったので、その相互作用により、国民の知る権利が一層充足されるという「部分規制」の効果も期待できるものであった。

しかし、この法案の国会審議の際に、四四条に「公安を害しないこと」という項目を付加し、また四五条の政治的公平条項を削除して、代わりに四四条に「政治的に公平であること」という1号を付加する修正がされた。しかも、この新たな四四条の規定が民間放送事業者にも適用されることになった。

この結果、全放送事業者に「公安を害しない」放送番組の編集を義務づける規定が置かれることになったのであり、この国会修正は、放送という表現全体に、再び治安目的の規制を加えたという意味をもつ。四四条の他の号の規定が、前述のとおり、国民の知る権利をよりよく実現するという目的の規定であることの対比からも、この1号の規定の異質さは明らかである。

また「政治的に公平であること」という規定は、「公共放送」であるNHKにとっては当然の規定であるとしても、民間放送事業者にとっては、たとえば特定の政党を支持する放送やある政策についての社説放送が制約されることになり、その表現の自由が狭められることになる。

つまり、四四条を民間放送事業者にも適用するという修正は、「公共放送」であるからこそ容認できた放送内容についての規制を、自由な商業放送であったはずの民間放送にも及ぼしたものなのであるから、表現の自由を侵害したのではないかという憲法問題を生じさせるのである。

しかも、このとき同時に電波法七六条の政府案が修正された。もともとは「この法律(註…電波法)若しくはこの法律に基く命令」に違反したときには、三カ月以内の停波などの処分ができるという規定であったものが、「この法律、放送法若しくはこれらの法律に基づく命令」と改められ、放送法違反も電波法による処分の対象となるとされた。この修正は、さらに深刻な憲法問題を生じさせるものであった。

というのは、修正前の法案の番組編集準則(現四条1項)は、NHKの公共放送としての業務準則として立法されていたために、その実行はNHKの通常の業務執行に委ねられており、これを民間放送事業者に準用しても、こちらはそのガバナンスの体制が、一般の会社同様、会社法(当時は商法)で規定されているだけであるから、政府がその実行を求めるための手段はない。つまり、その実行は、もっぱら民間放送事業者の自主的な自律に委ねられていることになる。これは典型的なソフト・ローであり、たとえ公然とこの準則に反する放送(たとえば、特定の政党を支持する放送)をしたとしても、政府にはそれを是正する手段はないということになったはずである。当時の放送事業の免許の期間は三年であり、再免許に際しては「電波監理委員会規則で定める無線局の開設の根本的基準」に合致していることが要求されたが、当時この「無線局の開設の根本基準」には、番組編集準則を遵守していることを求める規定もなかった。

ところが、放送法違反も電波法七六条の停波処分の対象になるという修正がなされたことにより、事態は一変した。番組編集準則もその違反は電波法による処分の対象となる法規範(ハード・ロー)ではないか、そうであれば憲法違反ではないかという問題が生じたのである。

しかし政府は、電波法七六条の修正前はもちろん、その修正後も、番組編集準則は強制することのできない倫理規範であると明言していた。

当初政府が明言していた倫理規範説

戦前戦中の言論統制と大本営発表による虚偽の戦果放送および戦意高揚番組放送の強要が、日本を滅亡の淵にまで追いやったという反省と悔恨は、当時の政府首脳の胸に刻み込まれていた。放送法案を立案した逓信省の官僚も、戦争の惨禍を体験した者として、この痛切な反省を共有していた。

そのことは、第一次放送法案の国会審議の際に作成された逓信省の「放送法質疑応答録案」(昭和二三年八月一五日)からもうかがえる。放送法制定の理由として「放送をいかなる政党政府、いかなる政府の団体、個人からも支配されない自由独立なものとしなければならない」と書かれ、立法までに議論された主な点として「放送の自由闊達な発達を図るためその監督は必要な最小限に止め特に放送番組の編集に対しては全く干渉しないこととした」ことが挙げられ、放送番組の編集を自由にする理由として「憲法は表現の自由を保障しており、又放送番組に政府が干渉すると放送が政府の御用機関になり国民の思想の自由な発展を阻害し戦争中のような恐るべき結果を生ずる。健全な民主主義の発展のためにはどうしても放送番組を自由にしなければならない」と書かれていたのである(三宅弘・小町谷育子『BPOと放送の自由――決定事例からみる人権救済と放送倫理』二四九頁)。

網島毅電波監理長官は、電波三法政府案審議の際「放送番組につきましては、第一条に、放送による表現の自由を根本原則として掲げまして、政府は放送番組に対する検閲、監督等は一切行わないのでございます。放送番組の編集は、放送事業者の自律にまかされてはありますが、全然放任しているのではございません。この法律のうちで放送の準則というものが規律されておりまして、この法律で番組を編成することになっております」と述べた。なお電波三法の政府案は、第一次放送法案の総則にあった番組編集準則を削除して国会提出されているので、このときの政府答弁にいう「放送の準則」というのは、総則にあった、訂正放送の義務、国際放送についての国際親善を害することの禁止、他の放送事業者の無断再放送の禁止およびNHKの番組についての準則を指すものである。

電波法が修正された一〇年後の一九五九年の放送法改正は、番組編集準則の1号を「公安及び善良な風俗を害しないこと」に改めるものであったが、田中角栄郵政大臣が法案の趣旨説明で、表現の自由を侵さないよう放送事業者の自律によって番組の適正をはかる措置を講ずることにした、番組編集準則の遵守を公衆の批判にまかせようとするものだと述べた。後任の寺尾豊郵政大臣はこの法案の再提案の際「第四十四条（註：現四条）等の放送番組の関係において事実上違反があったと言うことに対しましては、まあ一次的にはやはり放送事業者の判断にまかせる、そしてその反省を求める、政府はなるべくこれに対する干渉がましいことはしない。（中略）極端なことが生まれたときはどうするか。客観的に著しく違反をする、あるいはたとえばわいせつなものを堂々と放送したということになれば、やはり電波法第百八条でありますか、これを適用することによって罰せられることになっている」と述べた。

注目すべきなのは、極端で客観的に著しい編集準則違反に対して、電波法を引きながら、七六条の停波処分には触れずに、一〇八条のわいせつ放送に対する刑罰の適用のみを述べていることである。つまりこのような場合でも七六条の停波処分は意識されていなかったのである。また荘郵政省電波監理局次長は、「放送の番組に関する規定につきましては，できるだけ番組の統制となることのないように、放送事業者の自主性に待って番組をよくしてもらおう、こういう考えで立案をいたした次第でございます」と答弁した。いずれも電波法七六条の処分による是正の可能性をまったく考えていないことが明白である。

さらに、この放送法改正に携わった担当行政官の解説書には「第一に考えられた点は、表現の自由との関係、すなわち、憲法及び法によって保障されている表現の自由を尊重するため、政府が放送番組の編集について寸豪（ママ）も関与することなく、放送番組の向上適正を図るためには、どうすればよいかという点であった」「放送番組基準について、法がその内容についで放送事業者の自主性にゆだねたのは、法自体がその内容まで立ち入りするまでもなく、放送事業者が立派なものを制定するであろうことが期待できると認められるからである」「放送番組審議機関は、これを政府機関としたり（中略）することなく、各放送事業者自らの機関としてこれを設けなければならないこととし、放送事業者の自主性を尊重しつつ国民（聴取者）の意思が反映できるような機関とし（た）」と記載されている（田中正人・平井正俊『放送行政法概説』三五頁、六〇―六二頁）。

一九六二年郵政省が設置した「臨時放送関係法調査会」で、郵政省は「法が事業者に期待すべき放送番組編集上の準則は、現実問題としては、一つの目標であって、法の実際的効果としては多分に精神的規定の域を出ないものと考える。要は、事業者の自律にまつほかはない」との意見書を提出している。

一九七七年、衆議院逓信委員会で石川郵政省電波監理局長は、政治的な公正を欠いた場合には電波法七六条の適用があると理解していいかという質問に対して、検閲ができないことになっているから番組の内部に立ち至ることはできず「番組が放送法違反という理由で行政処分することは事実上不可能」だと答弁した。また鴨郵政省電波監理局放送部長は「政府が番組内容の判断をする権限という意味では、放送法三条（註：法律に定める権限に基づく場合でなければ、放送番組に干渉できないという規定）に言いますところの権限が与えられていないのが現状で（中略）放送違反（ママ）ということがないのかという点につきましては放送事業者が自主的にこれを判断する、あるいは番組審議会あるいは世論といったものがその是非を批判して頂くというのが、現在の言論表現の自由を前提にいたしました放送法のたてまえであろうかと考えております」と答弁した。

強制力のある法規範（ハード・ロー）と解釈したときの不都合

現在の総務省見解のように、番組編集準則（放送法四条）は電波法七六条による制裁を伴う法規範であるという解釈を取ると、その制裁の処分は憲法違反になるのではないかという問題が生じる。もう少し具体的に、四条1項の各号ごとに検討してみよう（条文は「はじめに」一〇―一一頁参照）。

（1）1号について

まず1号であるが、ここで規定されている「公安を害しない」という要件も、「善良な風俗を害しない」という要件も、あまりにも漠然としている。言論内容を規制する法律の要件が、あまりにも漠然としていて明確でない場合、その法律は憲法違反になる。なぜなら、漠然とした要件で規制されると、表現する側では、どこまでの表現が許され、どこからは制裁処分を受けるという境界が不明であるため、制裁を受けないと確信できる範囲でしか表現しないという萎縮効果が生じ、国民の知る権利が害される結果になるからである。また漠然として不明確な規制は、政府がそれを政府にとって都合の良いように解釈適用して規制することを可能にすることになり、本来憲法が許容している表現の自由が損なわれる結果になるだけでなく、政府の意向を忖度した放送しか行われなくなるという弊害も発生する。

ただし、日本の最高裁判所は、このような場合、法の条文自体を違憲無効とするのではなく、漠然とした要件を、その中核にある明確な要件に読み替えて、それに該当する場合にだけ制裁を認めるという手法をとっている。これは「合憲限定解釈」とよばれる。

たとえば、税関検査の合憲性が争われた事件で最高裁判所は、関税定率法二一条1項3号所定の輸入禁止物である「公安又は風俗を害すべき書籍、図画、彫刻物その他の物品」に、郵便で輸入しようとした八ミリ映画フィルム、書籍等が該当するかどうかについて次のように判示した(一九八四年一二月一二日最高裁判所大法廷判決)。

「「風俗」という用語そのものの意味内容は、性的風俗、社会的風俗、宗教的風俗等多義にわたり、その文言自体から直ちに一義的に明らかであるとはいえない」が旧刑法の「風

サーロイン

羽の伸びた美しい鳥ゴイサギ。その名は、『広辞苑』によれ
の折、この鳥に醍醐天皇が五位のくらいを与えた故事にちな
牛肉の部位サーロイン(sirloin)は、イギリス国王がその美味
ト(勲功爵)に冠する敬称「サー(sir)」を与えたという語源説
は「腰の上部」の意の中世フランス語 surlonge に由来する。

俗ヲ害スル罪」の章の中に書籍図画等の表現物に関する罪としては、わいせつ物公然展示とその販売の罪のみを規定していた。「風俗を害すべき書籍、図画」等をわいせつな書籍、図書等に限定して解釈することは、十分な合理性がある。

「表現の自由を規制する法律の規定について限定解釈をすることが許されるのは、その解釈により、規制の対象となるものとそうでないものとが明確に区別され、かつ、合憲的に規制し得るもののみが規制の対象となることが明らかにされる場合でなければならず、また、一般国民の理解において、具体的場合に当該表現物が規制の対象となるかどうかの判断を可能ならしめるような基準をその規定から読みとることができるものでなければならない」

「風俗を害すべき書籍、図画」等の中にわいせつ物以外のものを含めて解釈すると規制の対象が広汎、不明確になり、かかる法律の規定は違憲無効なものというべきだが、それを「わいせつな書籍、図画」を指すものと限定解釈すれば、合憲なものとして是認できる。

この最高裁判例は税関の処分が争われた事例であるが、「風俗を害する」表現を行政が規制するという点では放送法四条と共通である。この判例に従えば「善良な風俗を害しない」というのは、「わいせつな表現をしない」ということを意味するということになる。しかし、わいせつな表現は刑法一七五条が禁止する犯罪なのであり、電波法七六条を憲法に違反しないように適用すれば、その放送自体がわいせつ罪として処罰されるような放送のみが停波処分の対象となるにすぎないことになる。しかもわいせつな放送は電波法一〇八条違反になるのであるから、番組編集準則がなくても停波処分の対象となる。

「公安を害しない」という規定の方には、ぴったりとした最高裁判例はないが、興味深いのは、この一九八四年の最高裁大法廷判例にはこの判決の多数意見を構成した五名の裁判官のうち四名が名前を連ねた補足意見がついていることである。この補足意見は、「風俗」という文言は多義的なので、改正されることが望ましいということを特に付加したものなのであるが、そこに「なお」として、「公安」を害すべき書籍、図画等も輸入禁制品としていることについてふれている。「公安」がいかなるものを指すかは極めて不明確であって、しかも「風俗を害すべき文書、図画」などと異なり、合理的な限定解釈を施す余地がないから、「明確性を欠き又は広汎に失するものとして憲法二一条1項に違反するとの疑いを免れない」ので改正されるべきであるというのである。

かつてGHQが指摘したように「台風情報」でさえ公衆の不安をかき立てるから「公安を害する」と言えそうであるし、一方、公の秩序を乱す放送を一切してはいけないということになると、それこそ自由のない警察国家になってしまうであろう。またこれを公安に関連する刑罰法規により禁止されている行為をそそのかす放送に限定すると合憲的に制約できるであろうが、電波法一〇七条は「日本国憲法又はその下に成立した政府を暴力で破壊することを主張する通信を発した者」を刑罰に処すると定めているので、この番組編集準則がなくても電波法違反で停波処分になるのである。

したがって1号の規定は、その広汎な対象のうち、合憲的に規制できる部分はすでに刑罰法規で禁止されており、また電波法違反として停波処分の対象にもなるので、それがなくても何も変わらない規定にすぎない。しかも、それ以外の部分については、その番組の放送を電波法七六条で処分すれば、最高裁判所によって、少なくともその処分は違憲であり無効であると判決されると予測される規定なのである。いずれにせよ、1号が電波法七六条の処分を伴う法規範であると解釈しても無意味であることは明らかであろう。

(2) 2号について

2号には二つの難点がある。

一つは、一九五〇年にこの修正案が成立したときに前提とされていた重要な制度があったことである。このときに、電波行政を担うことになっていたのは電波監理委員会という独立行政委員会であった。しかも、この委員会の委員長および委員は、両議院の同意を得て内閣総理大臣が任命するが、委員長一人、委員六名のうち「四人以上が同一の政党に属する者となることとなってはならない」(電波監理委員会設置法六条4項)という規定があった。委員会の議事は、委員長および三人以上の委員が出席して、委員長を含む出席員の過半数で決め、可否同数の場合は委員長が決めることになっていたから、同一の政党の委員長および委員だけでは定足数に足りず、全員が出席すれば委員長を含む同一の政党の委員だけで可決することはできなかったのである。したがって、現在のように総務大臣が一人で「政治的に公平である」かどうかを決めることはできなかった。つまり、政治的公平性が政府与党の思惑に従って決められるという恐れは少なかったことが、修正案の前提であったのである。現在は電波監理員会が存在しないので、この歯止めがない。

二つ目の難点は原理的なもので、報道の最も重要な役割は、権力の濫用を監視し、政府に不都合な真実を暴くことにあるのに、監視される側である政府が、この報道は不公平だと決めつけて、電波法七六条による停波処分を行う、あるいは行政指導で放送を止めるように干渉することを許していいのかということである。批判の対象が、その批判は不公平だと決めることができるというのでは、報道機関による権力監視は成り立たないであろう。

また2号には、1号の規定同様「公平」という漠然とした概念で表現の自由を規制できるのかという問題もある。

高市総務大臣が、政治的に公平でない事例としてあげた「選挙期間中又はそれに近接する期間において殊更に特定の候補者や候補予定者のみを相当の期間にわたり取り上げる特別番組を放送した場合」という事例も、政治的に公平でない放送を一義的に明らかにしているとは言えない。たとえこのような放送であっても、公職選挙法は放送番組を編集する自由を保障しているのであるから、その内容が公正であれば、それだけでは政治的公平を害したとは言えない。たとえば、その候補あるいは立候補予定者に、何か有権者が知っておくべき重大な問題点があるのであれば、そのことについて特別に伝える番組が集中的に放送されるというのは、むしろ当然のことであろう。

また「国論を二分する様な政治課題について、放送事業者が一方の政治的見解を取り上げず、殊更に他の政治的見解のみを取り上げてそれを支持する内容を相当の時間にわたり繰り返す番組を放送した場合」も、その政治課題についての一方の論拠に、事実に関する誤りや虚偽の説明、あるいは論理的な不整合があった場合に、これを徹底的に批判することは、むしろ放送の責務なのであるから、このような場合なのであれば、明らかに「政治的公平」を害する放送とは言えない。

このように、2号に該当するかどうかの境界は不鮮明なのであり、その判断を内閣の一員という政治的な立場にある総務大臣に委ね、電波法の処分をすることを認めることは、到底できないだろう。

（３）３号および４号について

３号と４号は、これを倫理規範と解釈するかぎり、ジャーナリズムの根本倫理そのものであり問題は少ない。倫理規範であれば、３号でいう「事実」とは何か、それを「まげない」というのはどういう意味かについては、放送事業者が自ら自主的・自律的に判断することになる。ところが法規範であるとすると、それを総務大臣が判断することになる。４号の「意見が対立している問題」かどうか、「できるだけ多くの角度」とは何か、「論点」とは何かという判断についても同様である。

そうすると、たとえば、何が「事実」なのかについて争いのある問題について、政府がいう「事実」とは異なる見解に従った放送をすると、「事実」を曲げて報道したとして電波法による処分の対象になるということになってしまう。これでは報道の自由が失われることは明らかであろう。

要するに、放送法四条の番組編集準則は、いずれも規制の対象が漠然としていて不明確なので、これを根拠に政府が放送法違反だとして電波法の処分をすれば、その処分は表現の自由を侵害する違憲無効なものとなるのである。

第3章　最高裁判所の見解

三つの裁判例

放送法四条1項の番組編集準則違反が、果たして電波法七六条の停波処分の対象になりうるのかどうかについて、番組の制作者はどう考えるべきなのか。参考になるのが、最高裁判所の判例である。

これまで、最高裁判所が放送法について判断した裁判例は三つあるが、いずれも番組編集準則の効力について判断したものではなく、その意味では番組編集準則についての最高裁判所判例ではない。しかし、この三つの裁判例は、いずれも放送法の法的構造から説き起こして、その土台の上に、争点となっている事項について判断している。しかも、最高裁判所がこのうち二つの裁判で示した放送法総則の構造は、いずれも同一であるといってよい。また三つ目の裁判例は、ＮＨＫの受信料についてのものである。日本の放送制度がＮＨＫという公共放送と民間放送の二元体制であり、この放送制度は放送事業者の自律を認めていることを強調している。

放送事業者の自律性を前提とした判断

まず初めの二つの裁判例について具体的に説明しよう。

最初の裁判例は、放送法に基づく訂正放送についてのものである(最高裁判所二〇〇四年一一月二五日第一小法廷判決)。一九九六年、NHKの番組で、離婚の経緯や離婚原因について「真実でない」放送をされた人が、NHKに対し、名誉毀損とプライバシー侵害について慰謝料や謝罪放送を求めると共に、放送法に基づく訂正放送を請求した。

放送法は、「真実でない事項の放送をした」ために「権利の侵害を受けた」被害者から、放送後三カ月以内に請求があったときには、放送事業者が「真実でない」かどうかを調査して、「真実でない」ことが判明したときには、二日以内に訂正または取消の放送(訂正放送等)をしなければならないと定めている。これが、被害者が裁判に訴えて放送事業者に訂正放送させる権利を認めた制度なのかどうかが争われ、最高裁判所は、次のとおり判断した。

この訂正放送の制度は、被害者からの請求があるときに、調査して「真実でない」ことが放送事業者に判ったときは、訂正放送などを行うことを義務づけている。そしてそれを実行しなかったときの罰則も定めている。しかしそれは、あくまでも放送事業者に放送法によって課せられた公の関係での義務であり、被害者が訂正放送を行うことを裁判所に請求できるという制度ではない。

憲法二一条の規定する表現の自由の保障の下において、放送法一条は「真実及び自律」の保障など三つの原則に従って放送を公共の福祉に適合するように規律し、その健全な発達を図ることを法の目的とすると規定しており、放送法二条以下の規定はこの原則を具体化したものということができる。放送法三条は、この表現の自由および放送の自律性の保障の理念を具体化して放送番組編集の自由を規定しており、別に法律で定める権限に基づく場合でなければ、他からの放送番組への関与は許されない。訂正放送の制度も、「放送の自律性の保障の理念を踏まえた上で、（中略）真実性の保障の理念を具体化するための規定である」

以上が判決の概略だが、注目すべきなのは、最高裁判所は、放送法総則の規定は、表現の自由の保障と放送事業者の自律性の保障を具体化した規定であると理解し、それを前提として私人からの訂正放送請求権を否定する判断をしているということである。

二つ目の裁判例は、二〇〇〇年に東京で「日本国性奴隷制を裁く女性国際戦犯法廷」を開催した団体が、ＮＨＫ側の取材経過から、ＮＨＫ側がこの「女性国際戦犯法廷」の内容をつぶさに放送するという期待を抱いて制作に協力したのに、「女性国際戦犯法廷」をまともに紹介したとは言えない番組が制作されたとして、期待権の侵害や説明義務違反を理由にして一〇〇〇万円の損害賠償を請求した事案である（最高裁判所二〇〇八年六月一二日第一小法廷判決）。

最高裁判所は、前記の訂正放送請求事件の判決と同じく放送法一条と三条の条文の紹介をした後、放送法の番組編集準則の条文と番組基準の条文を紹介し、そのうえで次のように述べた。

「これらの放送法の条項は、放送事業者による放送は、国民の知る権利に奉仕するものとして表現の自由を規定した憲法二一条の保障の下にあることを法律上明らかにするとともに、放送事業者による放送が公共の福祉に適合するように番組の編集に当たって遵守すべき事項を定め、これに基づいて放送事業者が自ら定めた番組基準に従って番組の編集が行われるという番組編集の自律性について規定したものと解される」

「法律上、放送事業者がどのような内容の放送をするか、すなわち、どのように番組の編集をするかは、表現の自由の保障の下、公共の福祉の適合性に配慮した放送事業者の自律的判断にゆだねられているが、これは放送事業者による放送の性質上当然のことということもでき、国民一般に認識されていることでもあると考えられる」

このような認識を前提として、最高裁判所は、取材対象者が、取材担当者の言動などによって、取材された素材が一定の内容、方法によって放送に使用されると期待し、あるいは信頼したとしても、その期待や信頼は原則として法的保護の対象とはならない、と判示した（なお、このＮＨＫ「女性国際法廷」番組改変事案については、一八五―一八七頁参照）。

なお、この判決について最高裁判所の担当調査官が書いた解説の脚注には、番組編集準則は法的効力のない倫理的規定だとする見解が通説とされると書かれている（『最高裁判所判例解説民事篇　平成二〇年度』法曹会、三七九頁）。最高裁判所の調査官は、担当した事件について調査して判決の草案となるものを用意する役割を担っており、また「通説」というのは、その分野を専門とする学者のおおかたが一致している見解のことであるから、番組編集の自律性を強調するこの判決は、少なくとも番組編集準則の倫理規範説を念頭に置いて書かれていることは明らかであると言えよう。

これらの最高裁判所判決は、私人からの放送内容に関する請求を退ける前提として放送事業者の自律性を強調したものであるが、番組編集準則違反に対して電波法七六条による停波処分があり得るという総務省の見解は、このように自律性の尊重を強調する裁判例から見て、司法審査に耐えうるものであるか大いに疑問がある。

NHKが公共放送であるための条件

最高裁判所の三つ目の裁判例は、NHKの受信料に関する二〇一七年一二月六日の大法廷判決である。

放送法六四条1項は「協会(註:NHK)の放送を受信することのできる受信設備を設置した者は、協会とその放送の受信についての契約をしなければならない」と定めている。これは、電波三法の施行と共に受信機設置の許可制が廃止されたので、NHKの放送を受信できる受信機を設置した者に受信契約の締結を強制して、受信者の経済的負担による公共放送事業の制度を創設したものである。

この判決は、受信設備を設置したにもかかわらず受信契約締結を拒む相手に対しては、NHKが承諾の意思表示を命ずる判決を請求することにより、その判決が確定したときに、受信設備の設置のときから受信料を支払うという受信契約が成立し、強制執行できるとした。その結論を導くために、最高裁判所はこの放送法の受信契約締結強制規定が憲法に違反するかどうかについて判断しており、そこで公共放送であるNHKと民間放送という二元体制の放送制度の意義について、次のように説いている。

「放送は、憲法二一条が規定する表現の自由の保障の下で、国民の知る権利を実質的に充足し、健全な民主主義の発展に寄与するものとして、国民に広く普及されるべきものである」。放送法一条の1号から3号に掲げられている原則が制定されたのは、この放送の意義を反映したものである。この目的を実現するため、放送法は、その制定前は「社団法人日本放送協会のみが行っていた放送事業について、公共放送事業者と民間放送事業者とが、各々その長所を発揮するとともに、互いに他を啓もうし、各々その欠点を補い、放送により国民が十分福祉を享受することができるように図るべく、二本立て体制を採ることとしたものである」。放送法がＮＨＫに営利目的の業務や広告放送を禁止し、事業運営の財源を受信料でまかなうこととしているのは、「特定の個人、団体又は国家機関等から財政面での支配や影響」がＮＨＫに及ぶことのないようにし、現実にＮＨＫの放送を受信しているかどうかにかかわりなく、受信可能な設備をしている者に広く公平に負担を求めることによって、ＮＨＫがこれらの人全体により支えられる事業体であることを示すことで、ＮＨＫが公益的性格をもつことを財源の面から示すものである。

ＮＨＫを存立させる財源を受信設備設置者に負担させる受信料により確保することが憲法上許されるのかであるが、憲法二一条の趣旨を具体化する放送の制度をどう構築するかについては、国会に立法上の裁量権が認められるべきである。受信料制度は「憲法二一条の保障する表現の自由の下で国民の知る権利を実質的に充足すべく採用され、その目的にかなう合理的なものであると解される」から、「これが憲法上許容される立法裁量の範囲内にあることは、明らかというべきである」

放送法六四条1項は、受信料の支払い義務を受信契約の締結により発生させることにしているが、これはＮＨＫが受信設備設置者の理解を得てその負担により支えられて存立する事業体であることに沿うもので相当な方法である。放送法が予定する受信契約は、ＮＨＫの目的に適う適正・公平な受信料徴収のために必要な内容のものに限られる。このような内容の受信契約の締結を強制するにとどまるので、放送法の目的を達成するために必要かつ合理的な範囲内のものとして、憲法上許容される。

以上が、最高裁判所の判断であるが、受信料制度が憲法に違反しないことを示したこの最高裁判所判決によって、任意の受信契約締結・支払い者が増加して受信料収入が増大し、また受信料不払いによってＮＨＫの放送内容に抗議する運動が困難になって、ＮＨＫの経営基盤は盤石のものとなったといわれる。

しかし、この判決内容から明らかなように、最高裁判所は、ＮＨＫが「憲法二一条の保障する表現の自由の下で国民の知る権利を実質的に充足すべく採用され、その目的にかなう合理的なものである」からこそ憲法に違反しないとしたものである。言い換えれば、ＮＨＫを視聴しているかどうかにかかわりなく、受信設備を設置すれば等しくその運営経費を負担させることができる制度が憲法に違反しないと言えるためには、ＮＨＫが「放送の不偏不党、真実及び自律」を実践し、その「放送が健全な民主主義の発達に資する」ものであると受信設備設置者から広く認められていることが必要なのである。つまり、この判決はＮＨＫが公共放送であるための条件を示していると読むことができる。

一九七二年、英国の公共放送ＢＢＣのカーラン社長はロンドンの外国人記者団に食事に招かれてこう語ったという。

「放送の勇気とは、どれだけ少数者の意見を伝えるかにある。もしＢＢＣにそれができないなら、体制の意気地ない、青白い影法師だと非難されてもしかたないだろう。ＢＢＣも体制の一環だ。しかし、われわれの体制とは、自分に敵対する意見を、常に人々に伝え続けねばならないことだ。それが民主社会だと思っている」（深代惇郎「座標　ロンドンから――言論の自由」一九七二年四月一一日朝日新聞。後藤正治『天人――深代惇郎と新聞の時代』二九九―三〇〇頁の引用による）。

果たしてＮＨＫは、どうなのであろうか。

第3部　自主・自律の放送倫理の実践

第1章　番組審議会

番組基準制定と番組審議会設置の義務づけ

放送法は、番組内容を適正に保つ手段として、放送事業者が放送番組の種別（教養・教育・報道・娯楽）と放送の対象者に応じて、自主的・自律的に定める「番組基準」（放送法五条1項）による番組編集を義務づけるという制度を採用している。

この番組基準は、各放送事業者が自由に定めるものであり、その内容についての法的な規制はないので、まったく自主的な自律の基準である。とはいえ各放送事業者は、まず放送法四条の「番組編集準則」を参照することになる。その際各放送事業者に期待されるのは、あるべき放送についての理念や知見、その放送局を設立した趣旨、あるいはその局の放送地域社会の特性なども踏まえつつ、公共の福祉にかない、「健全な民主主義の発達に資するようにする」（同一条3号）ための番組基準を、自らの考えに従って自主的に策定することなのである。特に番組編集準則の1号の「公安及び善良な風俗を害しないこと」という規定は、あまりにも漠然としていて、しかも非常に広汎な表現を対象にできるから、そのままでは放送表現の自由を過度に制限して番組編集の妨げになってしまう。各放送事業者としては、明確に限定された具体的基準を定立しなければならないのである。また、2号の「政治的に公平であること」にも同じ漠然性の問題があり、各放送事業者が政治的公平性とは何かについて明確な基準を設定しておかなければ、政府・与党の求める「公平性」の押しつけに抵抗することができない。

放送法は、番組基準の具体的内容を各放送事業者の自由に委ねたが、そのとき放送事業者の考えが独善に陥るのを防止し、かつ、実際にその番組基準に従って編集が行われることを担保するために、二つの手段を用意した。一つが番組基準の公表義務であり、もう一つは放送番組審議機関の設置義務である。

前者は、番組基準を策定したり変更したりしたときに、それを公表することの義務づけであり、これによって、放送事業者が策定・変更した番組基準を広く国民の批判にさらすと共に、実際の番組がこの番組基準を遵守して編集されているのかどうかを視聴者のチェックに任せようというものである。後者は、各放送事業者の内部にではあるが、学識経験を有する七人以上の委員を委嘱して設置する審議機関であり、通常、「番組審議会」とよばれる。なおＮＨＫは、中央放送番組審議会、地方放送番組審議会、国際放送番組審議会の三つを設置することが義務づけられている。

この番組審議会は、放送事業者の諮問に応じて「放送番組の適正を図るため必要な事項」を審議するほか、この事項に関して放送事業者に意見を述べる権限を持つ。また放送事業者は、番組基準および放送番組の編集に関する基本計画を定めたり、それを変更しようとするときは、この番組審議会に諮問しなければならない。そしてこの諮問について番組審議会が答申したり、「放送番組の適正を図るため必要な事項」に関して意見を述べたときは、放送事業者にはこれを尊重して必要な措置をする義務がある。また放送事業者は、番組審議会の機能の活用に努めると共に、番組審議会が行った答申や意見の内容と放送事業者がそれに応じて取った措置の内容、および番組審議会の議事の概要を公表しなければならない。

つまり、放送法は、各放送事業者が策定する番組基準については、直接行政庁が指示したり改善を求めたりすることは表現の自由を侵害すると考えて、学識経験者からなる審議会がその適否について意見を述べ、放送事業者はそれを尊重するという制度を設けると同時に、番組基準およびそれに対する審議会の意見やその議事の概要などを公表させて透明化することによって、世論の批判を喚起して是正を図る、という手法を採ることにしたのである。

番組審議会への期待

放送事業者が自主的に制定する自律の基準である番組基準と、その内容の適正さと現実の運用を監視する番組審議会を組み合わせたこの制度は、放送が行政庁の干渉から自由でありながら良質であるために用意されたシステムである。その機能が十分に発揮されることが自主・自律の制度にとって死活的に重要であるような位置を、放送制度の中で与えられていると言ってもよい。それなくしては、政府の干渉から自由でありながら、放送法一条が高らかに謳い上げた「民主主義の発達に資する」放送を実現することはなかなか困難だろう。民主主義が機能するためには、その基盤になる情報が歪められることなく伝えられて国民に共有され、自由に意見交換できるプラットフォームがあり、メインストリートの意見はもちろん、少数意見や異端の意見についても伝えられていることが必要であり、それを実現することが放送という制度には期待されている。

しかしこのような機能を発揮する放送は、ただ政府の干渉を排して放送事業者の自由に委ねていれば自ずから実現するというものではない。あるべき放送についての理念がまず各放送事業者に共有され、それが実践されていることと、制度的に、そのようなことが可能な仕組みになっていることが必要なのである。

そのことを、一九五九年放送法改正に当たった行政官も、田中角栄郵政大臣も、寺尾豊郵政大臣も、国会審議の際に明確に語っていた。寺尾郵政大臣は「よりよき番組の放送にいたしましても、これを規制をする、あるいは言論統制というような形でこれをしいることは絶対避けておりまして、あくまでも自主的にこれを行う。（中略）番組編成の基準と、番組編成によりますところの基本方針というものをあくまで自主的に作ってもらう、このことに今回の改正といたしましては一番重点を置いた」と述べている。

放送法の条文が、前項で紹介したように、番組審議会の構成や権限について詳しく規定し、一九八八年の改正の際に機能活用の努力義務まで放送事者に課しているのは、この機関に対する立法者の期待を表現している。

なお、このような番組基準や番組審議機関は、この立法時に突然構想されたのではないことも指摘しておく必要があるだろう。

一九四九年、社団法人日本放送協会は自律の規定として「日本放送協会放送準則」を制定し、前文で「日本放送協会は、全国的基盤にたつ公共放送の機関として、不偏不党の立場を守り、民主主義の健全な発達を図るために、その機能を発揮することに最善をつくさなければならない」とした。一九五〇年、放送法成立により特殊法人となったＮＨＫは、その直後に、定款に基づく会長諮問機関として「放送番組審議会」を独自に設置した。

民間放送も、一九五一年に日本民間放送連盟（民放連）を設立して「放送基準」を制定した。また一九五八年に「民間放送番組審議会」を設置し、「テレビ放送基準」を制定した。一九五九年放送法改正の時点ですでに民放の十数社は自主的に番組審議会を設置しており、民放連は、立法化は不要であると主張していた。

一九五九年改正放送法の番組基準と放送番組審議機関は、これらの実績もふまえて、それを法制度として取り込んだという意味ももつものである。

番組審議会の現状

残念ながら、各放送事業者の番組審議会の現状は、期待されたような機能を発揮しているものとは言いがたい。

民放連は機関誌『民放』を発行しており、そこに各放送事業者の番組審議会の議題一覧が掲載されているが、その議題のほとんどは、各放送事業者が制作した番組の合評になっている。この議題一覧からうかがえるのは、番組審議会が、放送番組の適正さについて外部の有識者が審議して放送事業者に意見を述べる場にはなっていないということである。

絶えることのなかった放送批判を背景に、番組審議会が期待されたような機能を果たしていないという批判が早くからなされていた。一九八五年にはテレビ朝日「アフタヌーンショー」やらせリンチ事件で郵政大臣の行政指導がなされたのを契機に、放送番組の向上と放送基準の順守を求める郵政大臣名の文書が民放各社の社長と番組審議会委員長宛に送付された。そして一九八八年放送法が改正され、それまで番組審議会の委員の三分の一以内はその放送事業者の役員または職員を充てることが許されていたのを改めて、すべて社外の有識者委員とし、また番組審議会が行った答申や意見の概要の公表義務を課した。

一九九五年、郵政省は学識経験者、放送事業者、教育・人権に関する専門家を委員として「多チャンネル時代における視聴者と放送に関する懇談会」を設置したが、そこで放送の社会的影響の増大についても検討して一九九六年に報告書を公表した。この報告書で、番組審議会について「現状においては必ずしも十分な機能を発揮していない」として、放送事業者の番組審議会に対する諮問がほとんど行われていないこと、放送番組の適正を図るための番組審議会の意見がほとんど出されていないことを指摘した。その原因として番組審議会の審議が一般に公開されておらず外部に対して不透明性があることを挙げ、「公開制の向上を図り、その一層の活性化を図っていくことが必要である」と述べた。この報告書を受けて一九九七年に放送法が改正され、放送事業者に対し、番組審議会の議事の概要の公表義務、およびその答申などに応じて採った措置、訂正放送などの実施状況、苦情その他の意見の概要を、番組審議会に報告する義務が課され、国会の全会一致の付帯決議で番組審議会の機能の十分な発揮に努めることが求められた。

さらに二〇一〇年、テレビ通販番組に対する批判を受けて、放送法一〇七条が追加され、「放送番組の種別の基準」の策定と変更についても番組審議会に諮問が義務づけられ、また

「種別ごとの放送時間」についても番組審議会への報告義務と、公表義務が定められた。

なぜ十分に機能しないのか

放送番組の規律はあくまでも放送事業者の自主・自律に委ねられるべきものだというのが民放連をはじめとする各放送事業者の考えであり、番組審議会による規律の制度を義務づけた一九五九年の放送法改正に抵抗し、また一九八八年放送法改正の際も民放連は反対し、民間放送労働組合は言論統制の機関として利用されかねないとして懸念を表明した。一九九七年改正で議事概要の公表が義務づけられたときは、テレビ朝日の番組審議会委員長三浦朱門、日本テレビ番組審議委員長清水英夫ら各局の番組審議委員が連帯して異議を唱えた。

番組審議会は「法律の制定によって押しつけられた制度」であり、放送の自由にとっての「トロイの木馬」になりかねないという意識が、外部に問題点を見せないために、放送事業者が自信をもって番組審議会にかけることのできる番組を選択してその合評を行うという運用につながったのではないだろうか。しかもそれに加えて、番組審議会の審議の詳細が行政庁にそのまま報告されているという問題がある。

放送法一七五条は、総務大臣が政令の定めるところにより放送事業者の業務に関する資料の提出を求めることができると規定するが、この政令である放送法施行令八条は、提出を求めることのできる資料として番組審議会の議事の概要を挙げている。議事の概要自体は公表が義務づけられたものであるので、その提出を求めることには何の問題もないが、この施行令による資料の提出について「放送法施行令第五条（註：現八条）に規定する資料の提出について（通知）」と題する通知があり、施行令の定める資料の提出が別表により求められている。このうち番組審議会に関するものについてだけ別紙様式があり、これに「6　審議内容（各委員の発言及び放送事業者側の説明又は回答をできるだけ詳細に記載すること。）」という項目がある。つまり、番組審議会にかけると、各委員の発言などまでできるだけ詳細に記載した資料を行政庁に提出することが求められることになるのである（村上勝彦『政治介入されるテレビ――武器としての放送法』一二七―一三〇頁）。

もともと政府による放送番組内容への干渉を避けるため、放送法は番組内容についての調査権限を行政庁に与えていない。放送法施行令八条は、資料提出要求の権限を定めた放送法一七五条改正の際に、干渉の意図はないので個別の番組内容に関する資料の提出は求めないと政府が国会で表明して、それに沿った内容で制定されている。たとえばＮＨＫに対して求められる業務の実施状況の資料については、括弧書きで「放送番組の内容に関する事項を除く」と明記されている。しかし番組審議会については、監督官庁の「通知」で、議事の詳細を記した資料の提出が求められており、番組審議会で具体的な番組を審議すればその内容が監督官庁に伝わることになるのである。これでは、放送事業者が行政指導などの糸口になるのを恐れて問題番組を審議することを避けるのは当然で、その結果、放送番組の適正を図るための審議は行われないことになり、結局、番組審議会は法により期待された機能を発揮できないことになってしまう。

番組審議会が期待された機能を果たしていない他の原因としては、委員の人選が放送事業経営者と親しいその地方の名士に偏っていること、しかも同じ委員が長期間委員を務めていること、特にローカル局では放送番組のあり方について的確な意見を述べうる専門性を持った委員を確保するのが難しいことなどが挙げられている。

指摘しておかなければならないのは、この制度にとって一番重要な各放送事業者ごとの番組基準が、各民間放送局の設立時に制定されたあとは改訂されていないために、番組審議会にも諮問がないという事実である。これは、民放連が詳細でかつよく練られた「放送基準」を策定しており、各放送事業者は、これを全面的に引用するか準用して自らの番組基準としていることに原因がある。たとえば在京キー局は、どこも、各局の設立趣旨や抽象的な番組基準を前文や基本方針として掲げた後、「基準の細目」あるいは「具体的基準」「守るべき基準と限界」については民放連の「放送基準」を「準用する」あるいは「準拠する」などとしている。

民放連は「放送倫理水準の向上」をはかることをその目的の第一としており、「放送倫理の確立とその高揚」の事業を行っている。具体的には、「日本民間放送連盟　放送基準」を定め、それと関連資料を『放送倫理手帳』に掲載して刊行し、放送事業者のみならず社外のスタッフにも配布できるようにしている。また、「放送基準」の各項目について「解説」してそれに「事例」「法令」も付記した『民放連　放送基準解説書』も、同様に刊行している。

民放連「放送基準」は、一五二箇条からなり、「人権」「法と政治」「児童および青少年への配慮」「家庭と社会」「報道の責任」など一八章にわけて、適正な放送をするための準則を定めている。さらに民放連は「憲法改正国民投票運動の放送対応に関する基本姿勢」「国民投票運動ＣＭなどの取り扱いに関する考査ガイドライン」や「民放連報道指針」など各種報道指針・ガイドライン、児童・青少年への配慮に関する諸規定などを定めている。加盟する放送事業者がこれに従う義務が直接規定されているわけではないが、重大な放送倫理違反を犯して民放連の名誉を傷付け、あるいは民間放送に対する信頼を毀損したときには、除名あるいは会員活動制限の処分がなされる。過去には、関西テレビが二〇〇七年に「発掘！　あるある大事典Ⅱ」で納豆のダイエット効果についてデータや外国人研究者の発言を捏造した番組を放送したとして、除名処分を受けている（一年後に復帰が認められた）。

この民放連「放送基準」をそのまま自局の番組基準として「準用」あるいは「準拠」すると、番組基準の制定や改訂はすべて民放連に委ねられることになる。民放連の「放送基準」が改訂されても、それを「準用」する各放送事業者の番組基準の文言自体には変化はないため、その改訂が各放送事業者の制作現場や番組審議会に諮られることはない。つまり、具体的な番組基準を、社内で番組制作現場とも議論したうえで、適正と考えるものを制定したり、その時々の必要に応じて改訂する必要がなくなってしまうのである。民放連の「放送基準」の内容に問題があるわけではない。しかし、各放送事業者の制作現場にいるスタッフにしてみれば、「放送基準」は外部から一方的に与えられた基準であるという意識になるため、その血となり肉となって内面化されるというより、制作の自由の障害物として捉えられるということになる。

番組審議会の機能を発揮させるための方策

以上の分析を踏まえると、番組審議会に法制度上期待される機能を発揮させるために必要なのは、まず番組審議会の重要性を放送事業者の経営幹部が認識して、その活性化を決意することであろう。そして番組審議会を「放送番組の適正を図るための必要な事項」の審議の場とするような議題を積極的に設定していかなければならない。そのような議題設定は、経営トップと制作現場が、自社にとってあるべき「番組基準」をさまざまな機会に徹底的に討論し、自分たちの「番組基準」を作る意欲をもち、それを実践することによってはじめて可能になるであろう。自局の制作現場に具体的に問題が生じたときに議論をするのは当然であるが、それを待っているのではダメージを防止できない。他局が犯した過ちを他山の石として制作現場が学ぶことが最低限必要であり、その際は、ＢＰＯ（放送倫理・番組向上機構、次章参照）の放送倫理検証委員会や放送人権委員会の意見書が、テキストとして有用になろう。そしてその議論の中から、制作現場により使いやすく、実情を踏まえた自社の「番組基準」を作ろうとする意欲が生まれてくれれば、それを具体的な案として番組審議会に諮問することになるし、そこまで行かなくても、そこで生じた問題意識を番組審議会で議論することも考えられる。

番組審議会が、このような議論の場となると、その役割の変更は、当然委員の人選に反映されることになる。それは何も「あるべき放送」あるいは「放送倫理」について専門的知見を持った委員で番組審議会を構成するべきだということではない。そのような委員も一定数必要であろうが、委員の多数はむしろ視聴者を代表するような多様な職業・年齢・性別の委員にして、その両者がまったく対等な委員として議論し合う場にするべきだろう。このような構成の会議体が良く機能することは、実は、司法改革の結果創設された裁判員制度で実証されている。そこでは無作為に有権者から抽出された裁判員と専門家である裁判官が対等に議論を尽くすことで市民感覚を反映した判決を実現しているのである。

その際、自局の制作現場の内情にまで踏み込んだ議論を自由闊達に展開するためには、放送事業者の経営幹部が、総務省の単なる内部通知にすぎない「放送法施行令第五条（註：現八条）

に規定する資料の提出について(通知)」による審議内容の詳細を記載した資料の提出は拒否して、公表されている議事概要の提出に止める勇気をもつことも必要であろう。

また、番組審議会を実際に動かしている事務局の重要性を認知し、その責務にふさわしい人員配置をすることや、その権限や予算に配慮することも重要である。事務局は、自社の問題事例が発生したときはもちろん、他社の事例であっても、情報を番組審議会に提供し、その意見を聞くようにしなければならない。番組審議会の委員にBPOの事例研究会や地区別の意見交換会に参加してもらう機会を作って、委員の問題意識を育てることも必要である。自局の事例であれば、意見書の作成を担当したBPOの委員を招いて研修会が行われることが多いが、この場には必ず参加してもらうことにするべきではないか。

番組審議会の機能が発揮された実例

最近、放送事業者の諮問をまたずに番組審議会が動いた事例が二例報じられている。

一つは、岩手放送の「宮下・谷澤の東北すごい人探し旅〜外国人の健康法教えちゃいます!?」(二〇一五年九月放送)について同年一一月に番組審議会が議論した際、ある乳酸菌飲料が番組中不自然な取り上げ方をされていると委員が指摘したのに対し、局幹部が乳酸菌の扱いについては有料のタイアップであると説明している詳細な会議録が流出して、週刊誌に報じられた事案である。これについては週刊誌報道後の二〇一六年一二月の番組審議会で、局側が事実と異なる説明であったと謝罪した。仮に、対価を得て広告しているのにそれを隠して放送すれば、放送法一二条が求めている広告放送の識別のための措置を怠ったことになるし、民放連「放送基準」92項が求めている広告放送であることの明示にも違反している。この事案はＢＰＯ放送倫理検証委員会でも問題になり、広告であることを隠すステルスマーケティングの事案ではないか、そうでないというのであれば誤った回答をしてそのまま放置したのは番組審議会の軽視のあらわれではないかという意見が出たが、結局放送事業者と民放連が、自主的・自律的に実効性のある対策を採ったとして討議を終了した。民放連は二〇一七年五月「番組内で商品・サービスなどを取り扱う場合の考査上の留意事項」を取りまとめ、注意喚起している。

これは番組審議会委員が番組をきちんと見て、おかしな表現に気づいて意見を述べた事例なのである。このような重大事についての疑問が出されたのに局幹部が事実確認もしないで番組審議会で発言し、それを週刊誌に報じられるまで何も調査しないで一年間も放置したことは、放送事業者が放送倫理の制度における番組審議会の重要性を認識せず、委員の意見を聞き置くだけの場にしていた証拠としか言いようがない。

二つ目は、東京メトロポリタンテレビジョン（ＴＯＫＹＯ　ＭＸ）の番組「ニュース女子」が「沖縄緊急調査　マスコミが報道しない真実」と題する特集で、沖縄県東村高江地区のヘリパッド建設反対運動参加者について、日当を得て活動している疑いや出動した救急車を止めたなどと二〇一七年一月に報じた事案である。この番組は外部の制作会社が制作した持ち込み番組であったが、TOKYO MXは、二〇一七年二月、放送された内容は放送法および放送基準に沿った制作内容であったという「当社見解」を公表した。ところがTOKYO MXの番組審議会は、自発的に、①視聴者などから指摘された問題点を真摯に受け止め、現地で可能なかぎり多角的に再取材した番組を、遅くとも二〇一七年上半期中に放送するように努めること、②社内の考査体制を再構築し「持ち込み番組に対する考査ガイドライン」を制定して実効性を確保すること、を局に要請した。TOKYO MXは、編成局に考査課を新設し、またこの年の九月に報道特別番組「沖縄からのメッセージ～基地・ウチナンチュの想い～」を放送した。

「ニュース女子」のこの番組については、BPO放送倫理検証委員会が、この番組に、反対運動側を取材せず、裏付けもないのに救急車を止めたとか、日当が支払われていると報じるなど複数の放送倫理上の問題があったと認定した。そして、それにもかかわらず、TOKYO MXの考査は少なくとも六点にわたって適正でなかったために、見逃してそのまま放送したという重大な放送倫理違反があったという意見を、二〇一七年一二月に公表した。放送人権委員会も二〇一八年三月に、反対運動を支援する人権団体代表者に対する名誉毀損など人権の侵害があったとの勧告を行った。つまり、この番組に問題があったことは客観的に見て疑いがない。

それにもかかわらずＴＯＫＹＯ　ＭＸは、放送法および放送基準に沿った番組であると当初主張していたのであり、その状況で番組審議会が、自発的に、再取材番組の制作と持ち込み番組などの考査体制の再構築を局に求め、ＴＯＫＹＯ　ＭＸに従わせたことは、番組審議会の機能発揮という点で、まことに画期的であった。これは番組審議会が放送番組の適正を図るために法制度上与えられている権能がいかなるものであるのかを示した実例であり、これからの番組審議会のあり方を指し示しているのである。

第2章　BPOによる放送倫理の実践

BPOによる規律の仕組み

テレビ番組の低俗化に対する批判は一九七〇年代になっても跡を絶たなかった。批判の中心は青少年に悪影響を与えているということであり、その関係で不適切な性表現や過剰な暴力描写が批判され続けた。NHKと民放連は、一九六九年に「放送番組向上協議会」を設立し、そこに「放送番組向上委員会」を設け、放送番組の向上のために問題点の指摘や改善策の提言をした。また民放連は一九七五年に「放送基準」を改訂し、「児童及び青少年に対する配慮」「暴力表現」「犯罪表現」「性表現」をそれぞれ独立した一章として、より厳しい番組基準を示していた。

一九九三年の椿発言問題に加えて、一九九四年の松本サリン事件では被害者の河野義行氏を容疑者扱いした過熱報道が行われたことなどにより、放送に対する批判が高まった。郵政大臣の私的諮問機関として放送の健全な発達を図る観点から放送のあり方を検討する「多チャンネル時代における視聴者と放送に関する懇談会」が設けられ、一九九六年、視聴者の苦情や紛争処理のための第三者機関を設けるべきだとの報告書が公表された。

これを受けて、NHKと民放連は、一九九七年に放送事業者が自主的に設置する機関として「放送と人権等権利に関する委員会機構（BRO）」を設置し、そこに「放送と人権等権利に関する委員会（BRC）」を設けた。一九九八年には、中学生がテレビドラマに刺激されて女性教師を刺し殺すなどの事件が起きて、青少年非行問題が国の課題となった。郵政省は「青少年と放送に関する調査研究会」を開催して、青少年とテレビの関係についての内外の調査研究を踏まえて第三者機関の活用などの対応策を提言した。NHKと民放連は二〇〇〇年、放送番組向上協議会に「放送と青少年に関する委員会」を設置した。なお「放送番組向上委員会」は、二〇〇二年に「放送番組委員会」に改組された。

二〇〇三年には、NHKと民放連は、「放送倫理・番組向上機構の設置に関する基本合意書」を締結し、「放送番組向上協議会」および「放送と人権等権利に関する委員会機構」の業務を、新たに設置する「放送倫理・番組向上機構（BPO：Broadcasting Ethics & Program Improvement Organization）」に移管して、ここに「放送と人権等権利に関する委員会」「放送と青少年に関する委員会」および「放送番組委員会」の三委員会を置くことにした。これによりBPOの活動にNHKと民放連および民放連加盟各社が協力し、各委員会の決定を尊重するとともに、委員会の運営に必要な経費を分担するという体制ができあがった。視聴者からの意見や苦情の受付窓口を一本化して、各放送局と連携して効率的・効果的に対応できる体制を構築することを目指したのである。なお、放送番組委員会は二〇〇七年五月に解散し、新たに「放送倫理検証委員会」が設立された。

ＢＰＯは、放送への苦情や放送倫理上の問題に対し、自主的に、独立した第三者の立場から迅速・的確に対応して、放送事業者に対し放送倫理による自律を求めることにより、番組内容についての政府・行政の介入を防止し、放送の自由を守ることを目的としている。

ＢＰＯの特色は、第一に、放送事業者が自主的に設置した実効性のある自律の機関であることである。法律上の根拠はなく、当然、何の行政上の権限ももっていない。ただ、その設立については、ＮＨＫと民放連が「基本合意書」を取り交わして、委員会の独立性の承認と委員会運営への協力の約束をし、また委員会から指摘された倫理上の問題点について「当該放送局が改善策を含めた取り組み状況を委員会に報告し、放送倫理の向上を図る」ことを約束している。

さらに、ＢＰＯ発足時には、より具体的な内容を文書で申し合わせている。この申し合わせでは、「基本合意書」から一歩進み、委員会の決定で指摘された放送倫理上の問題点について「真摯に受け止め改善に努める」こと、決定内容をニュースなどで速やかに視聴者に伝えること、具体的な改善策を含めた取り組み状況を三カ月以内に報告することなどが約束された。

ＢＰＯの特色の第二は、ＮＨＫと民放連および民放連加盟各社を構成員とする組織ではあるが、三つの委員会については、放送事業者からの独立性に特別の注意を払っていることである。ＢＰＯの運営機関は理事会であるが、理事長は、放送事業者の役職員およびその経験者以外の者から選任され、理事九名のうち三名は、放送事業者の役職員以外の者から理事長が選任することになっている。この理事会が、評議員会の評議員を選任するのであるが、評議員（七名以内）は放送事業者の役職員を除く有識者から選任することになっている。ＢＰＯの三委員会の委員を選任する役割は評議員会に委ねられており、三委員会の委員とも、放送事業者の役職員を除く有識者から評議員会が選任する。つまり放送事業者から独立した評議員からなる評議員会が、放送事業者から独立している委員を選任するという二重の独立性が三委員会の委員の選任について担保されている。

第三の特色は、三委員会の委員には、法律家、メディア研究者および自ら表現活動を行っている作家・映画監督などのクリエーターら、実績と定評のある第一線の専門家が選任されていることである。放送による表現の自由と質の高い放送に深い関心と高い見識を持つ委員の選任こそが、ＢＰＯの活動の適正さを担保している。ＢＰＯはまったくの任意団体であるだけに、その活動実績によって社会の信頼と信用を獲得するしかない。高い見識に裏打ちされた説得力のある意見を三委員会が示すという実績があってこそ、放送事業者と行政官庁に対する権威も保持できる。したがって、適切な委員の選任は極めて大切であり、それを維持できるかどうかにその将来がかかっていると言えよう。

三委員会の活動を支えるＢＰＯの事務局は常勤であり、それぞれの委員会を担当する調査役、視聴者対応窓口の担当、広報および総務からなっている。委員会で取り上げることとなった案件については複数の調査役が担当者となって、委員会の調査を補助する。調査役は委員会の運営に欠くことのできない存在であり、三つの委員会に分かれて所属している。そしてこの調査役には、原則として、放送番組制作の現場に精通した各放送局出身者や出向者が充てられており、委員会の決定が実務を踏まえたものになるよう随時情報を提供している。なお、調査役の公平性を担保するため、その出身局・系列局の事案は担当しない。調査役の活動は、筆頭者が統括調査役として束ねている。

ＢＰＯの三委員会の活動の主要な源泉となっているのがＢＰＯに電話、メール、ＦＡＸなどで寄せられる視聴者意見である。ＢＰＯは、テレビやホームページ(https://www.bpo.gr.jp)で放送番組に関する意見をＢＰＯに寄せるように広報しており、毎年度二万件前後にのぼる意見が寄せられている。

ＢＰＯの活動内容は、ホームページで、三委員会のすべての決定、毎回の各委員会の議事概要、寄せられた主な視聴者意見などが公表されている。またそれを「ＢＰＯ報告」という小冊子にまとめて、毎月約六〇〇〇部を各放送局などBPO関係者のみならず、大学、マスコミ、放送関係の委員会に属する国会議員などに送付している。そのほかにも、メールニュース「BPOニュースレター」を、放送局の職員、プロダクションのADなど三六〇〇人あまりの登録者に毎月配信している。

また年次報告会が毎年度終わりに開催され、その年度の主な活動がBPOの構成員である各放送局やマスコミ各社に報告されると共に意見交換がなされている。主要な委員会決定については、各放送局を対象とした事例研究会が年二回開催され、委員会の担当者の解説の後、番組制作側との意見交換がなされている。そのほかにも三委員会がそれぞれ意見交換会を地区別に放送局と年数回行っており、また各局の研修に講師を派遣する制度もある。総じて、BPOの活動については、高い透明性が確保されていると評価できる。

「放送と人権等権利に関する委員会」の活動

BPOの三委員会の中で、もっとも古くから活動していたのが「放送と人権等権利に関する委員会」(略称「放送人権委員会」)である。一九九六年にBROに設置された「放送と人権等権利に関する委員会(BRC)」が、この委員会の起源である。

この委員会は、放送された番組で名誉毀損、プライバシー侵害や肖像権の侵害などの人権被害を受けた人がその迅速な救済を求めるための裁判外紛争解決機関であり、被害者の申立によって審理が行われる。ただし、放送事業者と話し合い中であるものや、裁判で係争中であるものは扱わないし、また損害賠償の請求をする事案も取り扱わない。被害者が放送事業者と話し合いをしないで直にこの委員会に申立をしたときは、先に放送事業者との話し合いをすることを促す「仲介・斡旋」の手続きが行われる。「仲介・斡旋」で解決される事例と、審理して決定が出される事例とを比較すると、決定事例の方がやや多いが、ほぼ同数に近い（前掲『ＢＰＯと放送の自由』一七頁）。

放送人権委員会の行った決定は二〇一八年三月までで六七件あり、うち五三件は名誉毀損に関するもので、二九件はプライバシーや肖像権に関わるものである。また「公平・公正を欠いた放送」に関わるものが六件である。ただし、同一事案で複数の分類にカウントされたものがある（塩田幸司「放送の自由・自律とＢＰＯの役割――放送番組の自主規制活動の意義と課題」『ＮＨＫ放送文化研究所年報２０１９』二一四―二二一頁。二二六頁に整理された一覧表による紹介がある）。

この委員会の扱う名誉毀損等の人権侵害事件については、多数の裁判例があり、判断基準も判例として固まっていると言ってよい。したがって、人権侵害の有無についての委員会の判断は、判例に準拠した法律的な枠組みに従って行われている。

その具体例として、ＮＨＫが二〇一四年「ＮＨＫスペシャル」で放送した「調査報告　ＳＴ

AP細胞　不正の深層」について、放送人権委員会が二〇一七年に行った「「STAP細胞報道に対する申立て」に関する委員会決定」での委員会の判断の仕方をみてみよう（全文がBPOホームページ放送人権委員会決定の頁の二〇一六年度の欄に掲載されている）。

申立人である小《お》保《ぼ》方《かた》晴子《はるこ》氏が問題にしたのは、この放送が、「何らの客観的証拠もないままに、小保方氏が理化学研究所内の若山研究室にあったES細胞を「盗み」、それを混入させた細胞を用いて実験を行っていたと断定的なイメージの下で作られた」という点にあった。

まず問題になるのは、この番組がどのような事実を伝えているのか、そのことにより申立人の社会的評価を低下させたと言えるのかである。放送された内容をどう認識するかは、見た人によって変わってくるが、委員会は判例に従い一般の視聴者の普通の注意と視聴の仕方を基準として判断すべきであるとした。

委員会は、番組の構成や編集の仕方から、この放送は、STAP細胞は、若山研究室の元留学生が作製し、申立人の研究室の冷凍庫に保管されていたES細胞に由来する可能性があり、申立人には元留学生作製のES細胞を何らかの不正手段により入手し、混入してSTAP細胞を作製した疑惑がある、という「事実」を摘示しているものと認定した。そしてこれらの「事実」を摘示することが申立人の社会的評価を低下させることは明らかであるとした。

一般的には、名誉毀損は人の社会的評価を低下させる事実を公にすれば成立するが、一定の場合にはその免責要件が認められている。伝えた「事実」が公共の利害に関わるもので、公共の利益を目的とするものであれば、伝えた「事実」の重要部分が真実であるかまたは真実と信じることについて相当の理由がある場合には名誉毀損は成立しない。放送で伝えられる内容は、特殊な例外を除けば、公共の利害に関わる事実を、公共の利益のために伝えるものであり、問題は、真実であるか、真実でなかったとしても真実であると信じたことに相当の理由があるかという点に絞られることになる。これを通常、真実性と相当性の要件と呼んでいる。

委員会はさらに、疑惑報道の場合にその萎縮を可能なかぎり避けるという見地から委員会が採用してきた基準を、この案件に当てはめた。それは、放送が断定を避けてあくまで疑惑の提示として理解されるように配慮されており、かつその疑惑の指摘に相当な理由があるのであれば、名誉毀損による人権侵害には当たらないとする、という基準である。

そして、STAP細胞は留学生が作製したES細胞に由来する可能性については真実性も相当性も認められないとした。また留学生が作製したES細胞を不正手段により入手しSTAP細胞を作製したという疑惑については、そういう疑惑を提示する相当の理由をNHKは証明しておらず、この二つの事実について名誉毀損の人権侵害が認められるとした。

放送人権委員会の決定は全員一致でなされるのが原則であるが、少数意見がある場合はそれを付記することができるとされており、この決定にも名誉毀損があったとは言えないという二名の委員の少数意見が付記されている。

委員会決定は、さらに、取材の過程で申立人をホテルのエスカレーターの乗り口と降り口で挟んで取材を試みたことに、放送倫理上の問題があるとした。この点は全員一致の判断である。結論として委員会は、人権侵害と放送倫理上の問題を認めて「過熱した報道がなされている事例における取材・報道のあり方について局内で検討し、再発防止に努める」ようNHKに勧告した。

人権侵害の有無は法律的な判断であるため、事実の認定や法律要件の解釈の違いから意見が分かれて少数意見が付記されることも珍しくない。放送人権委員会は、BRCとよばれていたときから現在（二〇一九年七月）まで六九件の決定をしているが、そのうち二二件に少数意見が付されている。また、「仲介・斡旋」が成功しなかったもののみが審理の対象となるため、放送局側は人権侵害があったことを否定して争うことが多く、委員会の決定に対しても三カ月報告や事例研究会で不服が述べられることがある。STAP細胞事案でも、NHKは三カ月報告で取材方法の放送倫理違反は認めたが、名誉毀損の成立は認めずに反論している。

なお放送人権委員会は、委員会の判断基準を取り扱った事例の種別・内容に従って分類したものと、すべての決定例について事案の概要と委員会の判断部分を収録したものをまとめた『放送人権委員会　判断ガイド』（最新版は二〇一八年版）を公表している。

「放送と青少年に関する委員会」の活動

「放送と青少年に関する委員会」(青少年委員会)は、二〇〇〇年に設置された。放送と青少年に関する視聴者の意見などを審議し、委員会の見解をNHKと民放連およびその加盟各社に連絡すると共に公表して、放送事業者の自主的検討を要請し、その対応について報告を求めるほか、放送事業者、番組制作者、青少年自身、保護者などと意見交換すること、および研究機関と協力して放送と青少年に関する調査研究を行うことが主な機能として規定されている。

これまで出された委員会の見解は、二〇〇〇年の「バラエティー番組に対する見解」などの三件であり、また二〇〇六年の「少女を性的対象視する番組に関する要望」など「要望」が五件で、そのほかに二〇〇二年の「衝撃的な事件・事故報道の子供への配慮」についての提言など「提言」が二件、さらに「声明」「注意喚起」「委員長談話」が各一件である。

この一覧からも明らかなのは、この委員会が、他の委員会が個別の番組について人権侵害の有無や放送倫理違反の有無について判断しているのとは異なり、同じタイプの番組一般について、もっぱら青少年への悪影響という観点から、放送局への要望を主とした意見を述べていることである。委員会の判断を「見解」で示すよりも、局に要望したり、提言したり、注意喚起することで、青少年にとって望ましい放送が実現することを目指しているものといえる。

この委員会の活動の中心は、現在、青少年が視聴する番組の向上のための視聴者意見の検討、番組制作者、青少年自身、学校などとの意見交換に向けられている。ＢＰＯホームページの青少年委員会議事概要からみると、視聴者からの意見についての話し合いと共に「中高生モニター報告」の検討が、青少年委員会の活動の中心になっている。委員会は、毎年、任期一年で三〇人程度の中高生モニターを募集し、月に一度、自分が見た番組についての意見を提出してもらっている。この意見は放送局にも参考資料として送られる。また年に一度「中高生モニター会議」を開催し、その内容を取りまとめた冊子を発行している。

青少年委員会は、「大学等の研究機関と協力して、放送と青少年に関する調査研究を行う」こともその機能のひとつとしており、現在まで七件の調査研究が行われている。また、この調査研究のテーマに合わせて、二〇〇九年の「〝デジタルネイティブ〟がテレビを変える！」をはじめ、二件のシンポジウムと二件の調査研究報告会が開催されている。

「放送倫理検証委員会」の活動

ここで、放送倫理検証委員会の活動について解説する前に、筆者は、二〇〇七年の放送倫理検証委員会の創設以来、二〇一八年三月まで一一年間、この委員会の委員長の職を担っていたことをあらかじめ明らかにしておく必要があるであろう。つまり以下のパートでは、筆者は当事者でもあった。退任後も守秘義務があるので、それに触れる記述は許されないという制約があること、意見にわたる部分はすべて筆者個人の見解であることもおことわりしておく。

（1）虚偽放送事案についての審理

放送倫理検証委員会は、総務大臣に番組内容についての行政処分権限を与える放送法改正案の成立を阻止するために、二〇〇七年設置された。そのため、委員会運営規則上は、「虚偽の疑いがある番組が放送されたことにより、視聴者に著しい誤解を与えた疑いがあると討議において判断した場合、その番組について放送倫理上問題があったか否かの審理を行う」ことがその任務の中心となっている。

審理の際は、委員会は放送事業者と関係者に対し、調査と報告、放送済みテープなどの関連資料の提出を求めることができる。また番組制作の担当者や関係者に対する事情聴取（ヒアリング）を行うことや、専門家に意見を聞くこともできる。専門家からなる特別調査チームを編成して集中的・機動的な調査をする権限も認められている。審理結果については「勧告」または「見解」としてとりまとめ、それを放送事業者とその放送番組審議会へ書面により通知すると共に記者会見などで公表する。その際、放送事業者からの再発防止計画の提出を求めることができ、放送事業者は一カ月以内に計画を策定して提出すると共に、公表しなければならない。

さらにこの再発防止計画については、三カ月以内に放送事業者が実施状況の報告をしなければならない。このほか委員会は、放送事業者に外部委員からなる外部調査委員会の設置を勧告することもでき、その際委員の人選について意見を述べ、また外部調査委員会に対する調査項目の追加・変更を要求すること、調査結果の報告を求めることができる。

再発防止計画の策定要求と提出義務の定めがあるのは、この委員会新設の契機となった放送法改正法案が、総務大臣の権限として再発防止計画の「策定及びその提出を求める」ことと「意見を付し、公表する」ことを定めていたからである。

なおＢＰＯと加盟各放送局とは、それぞれ個別に「放送倫理検証委員会に関する合意書」を締結しており、この合意書で、委員会の調査に応じること、勧告を遵守して周知することなどが約束されている。つまり、委員会の活動の実効性は、個別の合意によっても担保されているのである。

総務大臣に再発防止策の提出要求の権限を与えるという放送法改正条項は、議員提案による修正で削除されたのであるが、衆参両院の付帯決議でＢＰＯの効果的な活動に期待するとされ、放送倫理検証委員会は出発早々重い任務を背負うことになった。行政権限を発動可能にする制度を作らなくても、自主的・自律的な取り組みによって放送の適正な規律は保たれるという実績を示さなければならないという要請と、委員会がみだりに強い調査権限を行使して放送の規律を要求することにより放送の自由を萎縮させないよう慎重かつ謙抑的に判断しなければならないという要請を、共に満足させなければならないということになったのである。

委員会は、発足早々、「TBS「みのもんたの朝ズバッ！」不二家関連の2番組に関する見解」を出した。不二家の元従業員の内部告発に基づき、賞味期限切れチョコレートの再生利用疑惑を報じた番組(二〇〇七年放送)について、捏造放送ではないかと問題になった事案である。委員会は、「審理」のうえ「見解」をとりまとめて、内部告発が存在したこと自体は認められるとしたうえで、その内容を信じるに足る相応の根拠はあったが十分ではなかったものの、それは内部告発に基づく番組制作の困難さであり放送倫理上の責任を問うことはできないとした。一方、チョコレート製造工程などの裏付け取材が不十分であるのに断定・断罪的なコメントをしたことなどが、放送倫理上不適切な放送であったとし、訂正とお詫びの放送も訂正の範囲が曖昧であるなど不備であったと指摘した。そのうえで「番組は、もっとちゃんと作るべきだ」というのが委員会の総意であるとして、TBSに真摯な対応を求めた。

この事案の調査で、委員会はTBSから取材テープ内容を文字起こしした資料の提出を受け、その内容の正確性をチェックするために、未編集の取材テープを内部通報者の身元を特定できないような加工をしてもらった上で、委員会の担当委員が視聴している。取材した放送局以外の第三者機関が、加工済みであるとは言え、未編集の取材テープを試聴するところまで踏み込んだ調査をしたのは、この委員会が与えられた権限の強さを象徴していると言える。

この委員会決定第1号は、委員会が調査する対象についても、重要な判断をしている。「虚偽の放送」かどうかの審理といっても、放送された事項が「真実であるかそうでないか」を調べるのではなく、放送された時点で、その放送内容が真実であると信じる相応の理由や根拠が存在したのかどうかを調査するのだとしたことである。これは、放送した後でその内容が事実ではなかったと判明したとしても、放送した時点では合理的な根拠があったことが明らかになれば、放送倫理違反があるとはしないということである。もし仮に、「真実」でない放送はすべて放送倫理違反として断罪されることになれば、「真実」であることの確実な証明ができるまで放送できないということになり、放送の自由が妨げられ、視聴者の知る権利も阻害される結果になる。放送倫理違反の有無は合理的な裏付け取材をしていたかどうかによる、とすることで、はじめて報道の萎縮を避けつつ、同時に一定の規律を実現することができる。

当初は「審理」が委員会活動の中心となるものとして構想されたのであるが、実際には、委員会発足以来現在までの一二年間で「審理」の対象となったのは、この不二家案件と、二〇〇八年に放送された「日本テレビ「真相報道バンキシャ！」裏金虚偽証言放送」、および二〇〇八年から二〇一三年にかけてNHKをはじめ多くの局が放送した「〝全聾の天才作曲家〞五局七番組に関する事案」の三つだけである。

（2）放送倫理違反についての審議

現在、委員会の活動の中心となっているのは、「放送倫理および番組の向上に関する討議・審議」である。「審議」の対象とするかしないかの議論を「討議」とよび、「討議」の結果審議の対象とするべき事案であるということになったときに「審議入り」の決定をして公表している。

また、委員会発足時は、「審議」とは「放送界全体に共通するテーマを設定し、その現実や問題点を検討すること」であると理解されていた。しかし委員会に寄せられる事案は、放送倫理に反した不適切な個別番組に関するものがほとんどで、これを扱わないとすることはできなかった。そのため、「審議」は、個別番組の放送倫理上の問題を検証して意見を述べることもある手続きとなった。そして制作過程を解明したいという委員会の要求と、番組制作担当者からの意見を聞いてから判断してほしいという放送事業者側の要望が合致して、「審議」案件でも、番組制作担当者などから任意にヒアリングすることが慣例化した。そのため運営規則を改正して、「審議」の際もヒアリングができることを明文化した。

その結果、現在では「審議」と「審理」の違いは、「虚偽の疑いがあり視聴者に著しい誤解を与えた疑いがある」ときは「審理」、それ以外は「審議」という区分になっている。まず「審議」または「審理」の対象とするかどうかを「討議」し、問題にすべきでない場合には議事概要にも公表しない。問題はあるが「審議」または「審理」の対象とはしないとされたときには、議事概要の公表だけに止める。「審議」または「審理」すると決定されたものは、担当する複数の委員を決め、「審議入り」あるいは「審理入り」したことを公表する。その後、多くの場合はその放送局に詳細な自己検証の結果の報告を求め、それを検討したうえで担当委員が放送局に赴いて、ディレクターなどの番組制作者からのヒアリングを行うなど、事実関係の調査・確認をする。調査結果に基づいて論点や構成について意見交換した後、担当委員が意見書の原案を作成し、委員会にかける。多くの場合は、多様な意見をふまえて修正案が作成される。意見書案について意見が出尽くし、その一致が見られたところで、最終的な手直しを委員長に一任し確定後通知公表する、という委員会の決定がなされる。確定した意見書は、その放送局代表（ＢＰＯ担当役員）に通知し、公表の記者会見を行うと共に、ＢＰＯのホームページに掲載する。放送局は委員会決定の内容を当日のニュースで報道して視聴者に周知する。多くの場合は他の放送局もニュースとして報道する。通知・公表後三カ月以内に、放送局は局内での意見書の検討や再検証の状況、放送での周知状況、再発防止手段の実施状況について委員会に報告する。委員会がこの報告を了承すれば一件落着となる（村上徳「ＢＰＯ放送倫理検証委員会の更なる理解のために」『放送研究と調査』二〇一七年五月号、一七頁）。

(3)「放送倫理」についての判断

放送倫理検証委員会が、その判断のよりどころとしている「放送倫理」とは何なのであろうか。過去の委員会の決定を見ると、民放連とNHKが一九九六年に定めた「放送倫理基本綱領」が、委員会の判断の根本になっていることが判る。

この基本綱領は、まず文化の向上や平和な社会の実現などが放送の使命だとしたうえで、「放送は、民主主義の精神にのっとり、放送の公共性を重んじ、法と秩序を守り、基本的人権を尊重し、国民の知る権利に応えて、言論・表現の自由を守る」と宣言している。そのうえで、放送は、児童・青少年に対する影響を考慮することや社会生活に役立つ情報と健全な娯楽を提供するようつとめるとし、また、多角的な論点の提示によって公正を保持しなければならず、適正な言葉と映像の使用と品位ある表現を心掛け、誤った表現を訂正するのをおそれてはならないとしている。そして「報道は、事実を客観的かつ正確、公平に伝え、真実に迫るために最善の努力を傾けなければならない。放送人は(中略)何者にも侵されない自主的・自律的な姿勢を堅持し、取材・制作の過程を適正に保つことにつとめる」と、報道に関する倫理の根本を明らかにしている。

さらに民間放送については「広告の内容が、真実を伝え、視聴者に役立つものであるように細心の注意をはらうこと」も重要な責務であるとしている。

この放送倫理基本綱領が、たとえて言うならば、放送倫理の憲法のような位置にある。その下に、より具体的な内容を定めたNHKの「放送ガイドライン」と民放連の「放送基準」「報道指針」「児童・青少年への配慮に関する諸規定」およびこれを引用または準用している民放連加盟の各放送事業者の番組基準やガイドラインなどが位置づけられるのである。

委員会は、まず問題となっている具体的な番組に沿って、どのように制作されたのか、どんな誤りが指摘されているのか、その誤りはどうして起こったのか、それはどうすれば防止できたのかを解明し、その事案に最も適切で他局にも教訓となるような放送倫理を見いだしていく。その際委員会が留意しているのは、放送番組の制作現場の実態をよくふまえたうえで判断することである。もちろんそれは、制作現場で行われていることをそのまま是認するということではない。しかし机上の理想論から断罪しても、制作現場の拒絶反応を招くだけである。第三者の客観的な目だからこそ見えた具体的な問題を指摘し、現場がなるほどと気づくような意見を述べることを心掛けるのである。そうでなければ、それが現場で生かされることはないであろう。

また、過ちを個人の過失に帰して終わるのではなく、それが制作現場の構造に起因して発生しているのではないかを見極めて判断することも、常に意識している。背後にある構造的問題まで踏み込まなければ、問題事案の発生を予防することはできないので、これは重要な視点である。現場の構造の歪みに起因する問題は、その根が深ければ深いほど、残念ながら委員会が指摘した程度のことでは変わらないが、委員会としては、それを愚直に指摘し続けることで変化がもたらされることを期待するしかない。

(4) 倫理の検証をめぐって――実例とともに

●審議の対象としない基準

ここで留意しなければならないのは、「放送倫理」違反があっても取り上げない場合があり、委員会がその基準を明らかにしていることである。

委員会は、二〇〇九年に、TBSテレビ「情報7daysニュースキャスター「二重行政の現場」」について委員長談話を公表したが、そのなかで、この番組は事実に反する報道であるが審議の対象としないとした理由をのべた。それは対象となる問題が小さくて、かつ、その放送局自身の調査が尽くされ再発防止策が自主的に策定されて実行されているなど、是正措置が適切に行われている場合には、審議の対象としないという基準である。

これは、小さな間違いまでをすべて取り上げていたのでは、放送倫理検証委員会の活動が行政当局以上に規制的になってしまい、放送の自由の萎縮をまねくおそれがあるからである。小さな問題であれば、明白な放送倫理違反があっても、その是正は間違いを犯した局自身の自主的な取り組みに任せた方が実効性も上がるであろう。

●最も多い放送倫理違反――誤報

放送倫理基本綱領は、報道は事実を正確に伝え、真実に迫るために最善の努力をしなければならないとしている。民放連の「放送基準」も放送に当たって重視する点の第一に「正確で迅速な報道」をあげ、「報道の責任」として「ニュースは市民の知る権利へ奉仕するものであり、事実に基づいて報道し、公正でなければならない」とし、「報道指針」で「取材・報道における正確さ、公正さを追求する」としている。NHKのガイドラインは「放送の基本的な姿勢」の第一に「正確」をあげ、「NHKのニュースや番組は正確でなければならない」「取材や制作のあらゆる段階で真実に迫ろうとする姿勢が求められる」としている。

しかし残念なことに、誤った報道や事実でない情報の放送が跡を絶たないのが現実である。放送倫理検証委員会が二〇一九年七月までに出した「決定」は全部で二九件あるが、うち、ほぼ半数が誤報や事実ではない放送を含む事案であった。

ニュースの報道は何よりも速報性が求められるので、十分な裏付けがとれていなくても、ニュース価値があると判断されれば、報道されることがある。特に権力者に不都合な事実については、報道機関に強制捜査権はないので完璧な証拠が得られないこともあるが、それが得られるまで報道できないとすると、国民の知る権利が阻害されてしまう。このようなときは、疑惑の段階でも、疑惑があると報道されなければならないだろう。しかしこのようなときに誤報が起こりやすい。特にスクープ情報を取ったとはやる取材者は、その否定情報に対するバイアスがかかるため、過ちを見逃しがちになる。

その代表例は、二〇〇八年に放送された日本テレビ「真相報道バンキシャ！」で「独占証言……裏金は今もある」と題した放送が審理の対象となった事案である。建設業者が岐阜県土木事務所の担当者に架空工事で捻出した裏金二〇〇万円を振り込んだと「告発証言」する映像を、キャッシュカードや入出金記録など証拠と称するものと共にスクープとして放送した。しかしこの「告発証言」はまったくの虚偽であり、岐阜県は日本テレビに放送法による訂正放送の申立をした。日本テレビが別件拘留中の建設業者に面会したところ、告発内容はすべて虚偽だと認めたため、日本テレビは訂正放送をして謝罪した。委員会は、社会的影響の大きい告発証言を扱っているのに裏付け取材が十分に行われず、真実であると信じるに足る相応の根拠を欠いたまま放送したとして、重い放送倫理違反があると判断した。実は、番組制作スタッフが疑問を感じた点についてもっと追及していれば、虚偽の情報提供であることが判った可能性があるのだが、「バンキシャ」の制作体制ではその余裕がなかったため放置されていた。委員会はこのような告発情報を適切に裏取りして放送することがこの制作体制で可能だったのかを含めて、検証番組を制作するよう勧告している。

そのほかの決定事案は、単に合理的な裏付け取材が怠られていたという事案がほとんどと言ってよい。よく起こる間違いは、不確かなソースに頼った裏付けを積み重ねて、それで確認が取れたと考えてしまうことで、これはインターネットにたよっていると起こりがちである。複数の一致した情報があっても、同じ情報が一部加工されて流布しているだけのことも多いからである。逆に、たとえば警察情報だからというだけで信頼すると、松本サリン事件のような大きな間違いを犯す。

委員会の決定から判るのは、冷静な第三者としての、デスクやプロデューサーの役割が重要であるということと、制作現場の風通しの良さの大切さである。制作現場に気楽で頻繁な情報交換と意思疎通の文化があれば、担当者任せの結果からくる重要な事実の見落としという良くある事態の発生が防止できる可能性が高まるであろう。

●放送の自主・自律という倫理

放送倫理基本綱領は放送人に「自主的・自律的な姿勢」の堅持を求め、民放連「報道指針」は報道が「あらゆる権力、あらゆる圧力から独立した自主的・自立的なものでなければならない」としている。NHK「放送ガイドライン」は、冒頭に「自主・自律の堅持」として「ニュースや番組が、外からの圧力や働きかけによって左右されてはならない。NHKは放送の自主・自律を堅持する」と宣言している。外からの干渉や圧力に対して放送人の側が屈してしまったり、権力者の意向を忖度して自主規制したりすることは、放送倫理違反になる。政権、スポンサーからの独立のない放送は、真実を伝えることはできず、視聴者を裏切ることになるのである。

それが問題になったのが、NHK教育テレビ「ETV2001 シリーズ戦争をどう裁くか」「第2回 問われる戦時性暴力」(二〇〇一年放送)の事案である。二〇〇〇年一二月に東京で開催された「日本軍性奴隷制を裁く女性国際戦犯法廷」を取材したものを基にして構成されたドキュメンタリーが、政治家の圧力によって改編されたのではないかということが問題になっていた。

この番組の放送直前にNHKの放送総局長が安倍晋三内閣官房副長官(当時)に番組内容を説明したところ、安倍官房副長官は、慰安婦問題と歴史認識についての持論を語り、公共放送が扱うなら公平、公正な番組になるべきだと述べた。それを聞いたあと、この放送総局長を始めとして、NHKの国会担当の局長など幹部管理職が制作現場の人に修正や削除を命じ、慰安婦についての国際法廷の証言場面などを削って、逆に、慰安婦問題の虚構性と模擬裁判・国際法廷の無意味さを説く大学教授のインタビューを増やすという修正をしたという事案である。

放送倫理検証委員会は、二〇〇九年に、番組制作の責任者である放送総局長がその内容を番組放送前に政府高官に説明したことは、公共放送であるNHKにとって最も重要な自主・自律を危うくして、視聴者に重大な疑念を抱かせる行為であったと判断した。また、改編の過程について、形式的な公平、公正、中立性にとらわれ、質の追求をないがしろにしたという指摘をしている。

この委員会の判断の際だった特色は、事実を認定する根拠となる資料を、もっぱらNHK自身が作成して裁判所に提出した番組制作の経緯についての文書と、最高裁判所が認めた事実経過、それに放送された番組自体から明らかなことに限定していることである。これは放送から八年も経った後に最高裁判所判決をきっかけとして審議が求められた事案であり、その間に裁判所とBRCで結論が出ていたために新たな事実調査は無意味であると思われたことと、NHKが作成した詳細な事実経緯の説明に依拠すれば、NHKの自主・自律にかかわる問題について判断できると考えられたからである。

●政治的な公平性という倫理

このNHK教育テレビ番組でも、政治的公平が、改編の原因になった。番組内容の説明を受けた安倍官房副長官が「公共放送が扱うなら公平、公正な番組になるべきだ」と述べただけで、放送総局長以下の幹部管理職が放送直前の番組を大幅に改編させた。「公平」というマジックワードが制作現場の抵抗を押し切っての改編につながったのであるが、その改編は、あたかもこの番組が「慰安婦」問題の紹介番組であるかのように、その肯定論と否定論の「量的な公平」をはかる方向でなされている。

しかし、この番組は「戦争をどう裁くか」というシリーズの中の一つとして、戦時性暴力の問題を取り上げたのであり、それを「女性国際戦犯法廷」の紹介とその意義の普遍的な観点からの評価で行おうとしたのである。「慰安婦問題虚構論」をそこに持ち込んで「量的公平」を図ろうとすれば、番組自体を破壊する結果にしかならない。委員会は「繰り返された改編は、視聴者が過去と現在の戦争を理解する手がかりとなるべき新たな国際潮流を知り、その上で自国・自分にも関わる問題として考える機会をそこなわせるものとなった」と指摘している。

ＮＨＫのガイドラインの「2　放送の基本的な姿勢　②公平・公正」も、意見の対立している問題については両論併記するというような形式的公平性は求めていない。「歴史的事件、事柄、事象、について意見の対立があるもの（中略）については、多角的に検証した上で放送する」としているのであるから、検証の結果に従って正しいと認めた事項を放送することになるし、「意見が対立して裁判や論争になっている問題については、出来るだけ多角的に問題点を明らかにするとともに、それぞれの立場を公平・公正に扱う」というのであるから、公正性が公平性と並び同時に満足されるべき倫理とされており、公正に判断すればより小さく扱われるべき意見を形式的に平等に扱うことは求められていない。

民放連放送基準「第2章　法と政治」（11項）は「政治に関しては公正な立場を守り、一党一派に偏らないように注意する」としており、やはり「公正な立場を守る」ことが第一義であることがわかる。

「政治的公平」が放送を縛る強い規範として作用しているのは、椿発言問題があるからであろう。このときテレビ朝日は電波法の免許の更新時期を迎えていたが、「発言について事実関係が明らかになった時点で、改めて必要な措置をとる」という条件付きの再免許しか受けられなかった。「政治的公平」を欠いた放送をしたと非難される事態になれば、どのようなことが起こりうるかという負の教訓として放送事業経営者の胸に刻まれたのではないかと思われる。これが、特に選挙に関する報道で、形式的公平が強調される結果につながった。

しかしそれが、各候補の発言をストップウォッチで計って公平を期するとか、質問の内容を均一にするとか、不公平な放送によって選挙結果を左右したと言われるのを恐れるあまり、その選挙の争点について論評することをさけるなどといった、形式的には公平だが踏み込みのない放送の蔓延をもたらした。これでは視聴者は選挙に関心を持てず、選挙番組の視聴率は低下し、選挙に関する番組の放送時間を短縮させ、投票率も下がるという結果となった。

そのため委員会は「二〇一六年の選挙をめぐるテレビ放送についての意見」を公表し、放送法と公職選挙法を正しく理解すると、求められているのは量的公平性(形式的公平性)ではなく質的公平性(実質的公平性)であると述べた。「選挙に関する報道と評論をする番組に求められるのは、出演者数や顔ぶれ、発言回数や露出時間の機械的・形式的な平等ではなく、さらに有権者に与える候補者の印象の良し悪しの均等でもない。このような機械的・形式的平等を追求し有権者に与える印象までも均一にしようとすることは、むしろ、選挙に関する報道と評論に保障された編集の自由を放送局自身が自ら歪め、放棄するに等しい」として、正確な情報を歪めることなく編集して放送すること、評論が重要な論点を網羅し、多様な見方を提示していること、政党や候補者の主張をファクトチェックし、政策の問題点を指摘すること、選挙の重要な争点を明確にすることを求めている。

なお「不偏不党」という言葉がメディアで標榜される契機となった事件があり、それが現在のメディアにも影響を与えているという評価がある。一九一八年に起こった「白虹《はっこう》事件」と呼ばれる事件で、米騒動事件の際一切の報道が禁じられたことについて関西記者大会が開かれ内閣の責任追及の決議をしたのであるが、それを報じた大阪朝日新聞が「白虹日を貫けり」という国家に兵乱がある凶兆を示す中国の故事成句を用いたために、記者と編集人兼発行人が禁固刑に処せられた。大阪朝日新聞社は、このとき「不偏不党」の編集方針を宣言して方向転換することで政府の追及を逃れたが、以後「不偏不党」は、政府を批判しない無難な編集方針の言い換えとして使われるようになったというのである(斎藤貴男「再び〝帝国〟を志向する社会と政治権力者へのマスメディアの屈従——二十一世紀の「白虹事件」ではないのか」メディアの危機を訴える市民ネットワーク(メキキネット)編『番組はなぜ改ざんされたか——「ＮＨＫ・ＥＴＶ事件」の深層』三〇七頁)。

●バラエティー番組の倫理

バラエティー番組は、最もテレビらしい表現形態であると同時に、テレビ放送の開始直後から「低俗」「下品」「不快」といった批判の対象となった。

BPOの放送倫理検証委員会ができてからは、そのような批判はBPOに向かうことになった。その苦情や意見は、ほとんどがちょっとした逸脱、不適切あるいは誤った表現を問題にするものであり、審議の対象にして意見を述べるほどのものとは思われなかった。しかし同様の意見がさらに多数寄せられるという状況があり、長期間の討議を繰り返した末、委員会としてバラエティー番組全般についての放送倫理上の意見を述べることになった。その審議も難航し、意見書の原案が何度も却下された後ようやく意見が一致して完成したのが、二〇〇九年の「最近のテレビ・バラエティー番組に関する意見」(決定第7号)である。

この意見は、里中満智子委員のイラスト入りで、しかもくだけた口調という異例のスタイルで書かれていることが話題になったが、そのようなスタイルが取られたのは、奇をてらったわけでも、話題づくりをしようとしたわけでもない。放送倫理の観点からバラエティーを適切に扱うとすれば、このスタイルしかないという判断からなされた選択であった。

バラエティーの最も本質的な特性は、既成の規範を突き破り、あるいはそれに揺さぶりをかけることにより、権力者あるいは権威というものの裸の姿をさらして哄笑を引き起こすことにある。優れたバラエティーは、今までにない新しい発想と方法による創造的な表現により、視る者の心を刺激し解放して、より自由でとらわれのない世界に導く力をもつ。つまりバラエティー番組がバラエティーとして良質であればあるほど、既成の通念や権威による表現についての限界設定という性質をもつ放送倫理との間に、少なくとも形式的には、齟齬《そご》が生じる可能性が高まるのである。

また、良質のバラエティーは、さまざま雑多な内容と質をもつ数多くの番組という広い裾野の上にはじめて出現するのであるから、裾野の質を論じてこれを弾劾することも、頂点のあり方を歪めてしまう可能性がある。視聴者に不快感を与えたとされる番組に放送倫理基準を機械的に当てはめて結論を出すような安易な断罪を行えば、テレビ番組の中でも最もテレビらしいジャンルを窒息させ、これからの発展の可能性をも封じてしまうことになりかねない。

委員会は、委員会の任務とバラエティー番組の質の間にあるこの矛盾を、いかにバラエティー番組の充実という方向で解決するのかということに腐心した。

その結論が、今までの意見書のフォーマットや文体は捨てて、まったく新しいスタイルによりこの問題を論じることであった。従来のスタイルでは、娯楽を倫理で断罪することに反発する制作現場には届かないであろうし、コンプライアンスの強化という名目の番組規制を呼び込んで表現をいたずらに萎縮させる結果になってしまうおそれもある。バラエティー問題を適切に扱うためには意見書のバラエティー化を図ってみるしかないと考えたのである。このことは「緒言　本意見書のスタイルについて」で明らかにされている。

委員会の意見はまず、「バラエティーが「嫌われる」5つの瞬間」として、BPOに寄せられた視聴者意見を、①下ネタ②イジメや差別③内輪話や仲間内のバカ騒ぎ④制作者の手の内がバレバレのもの⑤生きることの基本を粗末に扱うこと、の五つに分類して紹介している。そのうえで、その理由を検討しているのであるが、その第一が「つまんねえよ」と視聴者は言っているということであり、「たくさん集めたタレントや芸人やアイドルのアドリブと瞬間芸、はしゃぎぶりとノリのよさ、才能と才覚にお任せ」ということなら「バラエティーが昨今の制作コスト削減、お手軽・安上がり番組の尖兵に使われている、というにすぎないのではあるまいか」との指摘である。

第二は、この間の世の中の変化、人々の意識の変化を番組制作者が捉えそこなっているのではないかという指摘である。かつては笑いを誘ったギャグも、いまはイジメや差別としてしか受け取られない現実がある。この不安な世の中で一生懸命生きている視聴者に届くような笑いを提供していないのではないかという疑問がある。

委員会は、バラエティー番組の特性を活かす放送倫理のあり方を考えた。「私たちは、バラエティーが萎縮することを望まない。そういうことは絶対に避けなければいけない、と考えている」というのが委員会の基本的立場であり、「表現への規制それ自体を笑いの対象とするような特性を持った表現形態に対しては、放送倫理の解釈に当たっての弾力的な取り扱いが不可欠である」としたのである。

そのうえで「バラエティー制作者には「何をやってもいいし、何でもあり」の心意気を失わないでいただきたい」と呼びかけた。ただ「制作者は番組の隅々まで設計し、計算し尽くす緻密さを持っていなければならない」とも指摘している。

「表現の自由の枠組みは時代と社会によってたえず変化していくものであるし、放送倫理も放送の使命を追求し、表現の自由を行使する過程で変遷していくものであろう。そのような永久運動の原動力になることこそ、バラエティーに期待される役割である」として、この意見書は「制作者たちが、そしてむろん放送局が、このバラエティー表現のために、あるいはこの公共空間を広げ、充実させるために、十分なコストをかけよう、と意気込むことができるかどうか。また単なる事なかれ主義に堕したコンプライアンス強化など邪魔なのだ、と蹴飛ばすことができるかどうか――。私たちは、バラエティー制作に精魂を込める制作者たちが登場し、新しい力と魅力にあふれたバラエティーをたくさん見せてくれる日を待っている」というエールで結ばれている。

最後を飾るのは、光を放ちながら高く高く飛翔するテレビマンの勇姿のイラストである。

以上が意見書の概要の説明であるが、その全文はBPOのホームページに掲載されているので、ぜひ読んでいただきたいと思う。

残念ながら、この意見書にもかかわらず、バラエティー番組について放送倫理違反が問われて審議の対象となる事案は引き続き現れた。その多くは、報道とバラエティーの間に出現した情報バラエティー番組であり、事実を伝える以上、その事実には裏付け取材がなされていなければならないのに、誇張したり歪曲した事実あるいは虚偽が疑われる内容が伝えられた事案が相次いだ。あるいは関係者が一般消費者を装って出演していた。これは、報道番組の経験が無く、「裏取り」(裏付け取材)という基本動作を身につけていないし、そのトレーニングも受けていない人々によって、この種の番組が担われているために発生した事態であった。

委員会は二〇一一年、「テレビ東京「月曜プレミア！主治医が見つかる診療所」毎日放送「イチハチ」情報バラエティー2番組3事案に関する意見」に、別冊として「若きTV制作者への手紙」をつけた。インターネットの「便利さ」の落とし穴にはまらない、出演者に対する礼節は保ちつつも事実は客観的に確認する、ロケを仕切るのを他人に任せない、といった、この審議事案から得られた教訓をわかりやすい手紙にして、それが制作現場の第一線で苦闘するADクラスの人に届くアドバイスになることを念願したのである。

純然たるバラエティー番組でも審議事案が現れた。一つは、真剣勝負を売り物にした番組で、存在しない対決を映像編集で作り出した事案、二つ目は、珍種目で誰が一番になるのか、誰が本物かを、スタジオの出演者が予想する番組で、勝負を面白く見せるため、一人の出演者を画像加工で消してしまった事案である。さらに、世界の珍しい祭りの行事にお笑い芸人が参加して真剣勝負するという「祭り企画」の最近の回が、実は番組のために用意されたものであったという事案も審議された。

この三つの事案についての委員会の判断を見ると、委員会はバラエティー番組の特殊性を尊重しながらも、一つの放送倫理の基準を打ち出していると思われる。それは、「何をやってもいいし、何でもあり」のバラエティー番組であっても、番組のうたい文句などで形成される視聴者や出演者との信頼関係を一方的に裏切ることは、放送倫理上許されないという基準である。

最後に、バラエティー番組についての予算削減の問題に触れておく必要があるだろう。

委員会は、「東海テレビ放送「ぴーかんテレビ」問題に関する提言」で、BPO規約二三条で与えられている権限を行使して、BPO加盟の各放送局に対して「番組が、その制作に必要な人員と時間が確保されている環境で制作されているか、とくに生放送番組において種々の不測の事態にも対応できるゆとりが確保されているかどうかを再点検すること」などを提言した。この事案は、誤操作という事故で、放送するつもりがまったくなく作成された「怪しいお米セシウムさん」などと記載したテロップが放送されてしまったというものである。委員会は、この放送は放送の基本的使命に背くものであり、放送倫理基本綱領にも違反しているとして、放送倫理違反があることを認めたが、事故の経緯や原因については東海テレビの検証委員会の検証が自主的に明らかにし、役員の処分や再発防止策も実施されていることから、東海テレビに東北地方の農作物に対する風評被害の防止に努めることを要望するに止めた。そして東海テレビの報告書に、余裕のない制作体制になった背景に「組織のスリム化・業務の効率化による企業体質の強化」という経営計画が言及されていたことから、他の事案における委員会の経験と合わせて、このような提言をすることに踏み切ったのである。

BPOの課題

BPOの設立後、三つの委員会は、放送事業者に放送倫理の実践を促すという役割を実践し、その実績の積み重ねによって、社会的な認知を獲得してきた。それは単にメディア界や視聴者から一定の評価を受けたというだけでなく、政府にも影響を与えている。

それを示すのが、総務大臣あるいは総務省が行ってきた行政指導に与えた影響である。二〇〇七年のBPOの放送倫理検証委員会設置後は、放送の内容についての総務大臣の行政指導は二〇一五年まで行われなかった。二〇〇九年に情報流通行政局長と東海総合通信局長名での三件の「厳重注意」の行政指導が行われたが、BPOの放送倫理検証委員会委員長が三件目の案件について審議の対象としないこととした理由を委員長談話として明らかにした際、「総務省は、当委員会とは比較にもならない強大な行政権限を放送局に対してもっているのであり、その指導がもたらす表現の自由の萎縮効果について一層慎重な配慮をするべき立場にある。従って、少なくとも放送界側の自主的・自律的機能の十全な発揮が期待出来る限り、その結果を基本的に尊重することが、総務省のあるべき態度なのではないだろうか」と批判した後は、局長名での行政指導もなくなった。ただし、二〇一五年に、突如、第三次安倍内閣の高市総務大臣によるNHK「クローズアップ現代」〝出家詐欺〟報道に対する厳重注意として復活したのであるが、それを放送倫理検証委員会が意見書で厳しく批判し、マスコミや国会で大きな問題となってからは、再び行政指導のない状態が維持されている。

しかし、今後もBPOに自主的・自律的な放送を援助するための機能を期待するのであれば、やはり、いくつかの点でその機能強化が検討されなければならないだろう。

まず第一に考えるべきなのは、委員の選任過程をより透明化することで、委員会に対するさまざまな不信の芽を摘むことであろう。放送制度について真に高度な学識や知見をもつ専門家が選任されていることを示すためには、委員資格を明確に定めて公開することが必要ではないか。その際、要求される資格要件を明示して公募することも考えられてよい。委員会の委員を選任する評議員会については、逆に、社会のさまざまな分野の代表が選任されるような仕組みが考えられていいのではないか。放送制度の専門家の枠の他に、さまざまな職業、年齢、性別の人々が代表されるような枠を設けて公表し、それぞれの枠ごとに適任者を理事会が選任するか、公募することが考えられる。

第二に必要なのは、ＢＰＯを実質的に動かす事務局の強化である。とくに委員会にかける案件の選定や、審議の対象となった事案についての調査機能は、もっと充実強化して、より迅速に、もっと多くの事案が処理できるようにすることが必要ではないか。調査役のさらなる増員が望まれる。

第3章　欧米の放送制度との比較から見た日本の放送制度

欧米民主主義国の放送・電波行政の主体

ＢＰＯ放送倫理検証委員会の決定第1号となった「ＴＢＳ「みのもんたの朝ズバッ！」不二家関連の2番組に対する見解」の冒頭部分に、次の一節がある。「日本の放送界は、放送法と電波法によって直接に行政の監理下に置かれ、折々に行政指導を受ける、という特殊な環境にある。欧米民主主義国などではどこも、政府から相当程度独立した規制機関が設置されているが、日本の場合、ロシア、中国、北朝鮮などと同様、公権力を監視すべき放送メディアが、公権力によってじかに監理監督される、という状態がつづいている」

これを読んで、「そんなこと知ってる。常識でしょ」と考えた人は、たぶん少数で、「えっ！よりにもよって、ロシア、中国、北朝鮮と同じなの？」と思った人が大部分だろう。しかしこれは事実である。いや、戦後のほんの一時期、まだ連合国に占領されていた時代には、電波監理委員会という放送・電波行政を担う独立行政委員会が存在していた時期があったが、一九五二年サンフランシスコ平和条約により占領が終結した直後に廃止されている。以後、郵政大臣が、二〇〇一年からは総務大臣が、放送・電波行政を司っている。

●米国の制度とFCC

日本の電波監理委員会創設のとき、モデルになったのが米国のFCC（連邦通信委員会：Federal Communications Commission）である。FCCは、一九三四年通信法により設置された。ラジオ局の乱立によってひどい混信状態となったため、一九二七年無線法が制定され、独立規制委員会である連邦無線委員会が作られたが、FCCはこの委員会を吸収して作られた。行政府には属さず、議会に年次報告書の提出による説明責任を負い、予算の承認も受ける組織である。放送免許の付与と没収、免許更新の審査、周波数の分配・割り当てのほか、放送・通信に関する規則制定という準立法機能、不服申立に対する裁定という準司法機能をもち、放送・電波行政全体を司っている。FCCによる規則制定や裁定に対しては連邦控訴裁判所への提訴が可能であり、それが表現の自由など憲法問題に関するものであれば、連邦最高裁判所に上告受理の申立ができる。

FCCでは、大統領に指名され上院によって承認された任期五年の五名の委員（コミッショナー）によって構成される委員会が合議により審議事項を議決している。委員のうち、同一政党から選べるのは三人までなので、民主党と共和党の二大政党が対立している米国では、与党側が三人、野党側が二人という構成になる。委員長は大統領が指名し、通常大統領の政党が代わると委員長も交代するが、大統領には委員を辞めさせる権限はない。二〇〇〇人近いスタッフがおり、年間予算は約三〇〇億円、財源は主に放送事業者から徴収する免許手数料である。

●ドイツの制度と連邦憲法裁判所

日本と同じく戦前・戦中の放送に対する苦い反省から放送制度が作られている国としてドイツがある。ドイツではナチスによって放送が濫用された歴史に対する反省から、放送行政は連邦を構成する一六の州がそれぞれ行うものとされている。ドイツ連邦基本法(ドイツの憲法)で、文化、放送、プレスは州の専属的権限となっているのである。

ドイツの特色は、一九八〇年代半ばまで公共放送しかなかったということで、州ごとに設立された放送協会の連合体であるドイツ公共放送連盟(ARD)と、すべての州の合意に基づいて設立された第二ドイツテレビ(ZDF)が、敗戦国ドイツに割り当てられた二つだけのチャンネルで放送していた。第二の特色は、放送制度の基本となる重要部分を決めるのに大きな役割を果たしているのが連邦憲法裁判所だということである。連邦法による新放送局設立を違憲とした一九六一年放送判決は、放送内容の均衡性と客観性の保障のため、放送事業者の意思決定機関として、社会的に重要なグループの代表から多元的に構成された内部監督機関を設置しなければならないとした。この判決をうけて設立されたZDFは内部監督機関として、会長を任命し、番組を監督するテレビ委員会を設けている。ARDも同様の内部監督機関として放送委員会を設置している。なお二〇一四年放送判決は、公共放送の監督機関における政府・政党関係者の割合は三分の一以下でなくてはならない、とした。ドイツの公共放送は、二〇一三年から、受信機の所有に関係なく世帯ごと・事業所ごとに徴収される「放送負担金」によってまかなわれているが、二〇一八年連邦憲法裁判所が合憲判断をした（杉内有介「ドイツの公共放送の制度と財源」『NHK放送文化研究所年報2018』二二五頁、同「独連邦憲法裁判所、放送負担金制度に合憲判決」『放送研究と調査』二〇一八年九月号）。

一九八〇年代に衛星放送とケーブルテレビの技術による民間テレビ放送が可能になった。一九八一年放送判決が、民間放送の番組に多様な意見が反映されるようにするため法律による規律が必要であるとしたため、州ごとに法律が制定され、各州に州政府から独立した州メディア監督機関が設立された。州メディア監督機関は州の官庁からは完全に独立しており、放送事業者の認可、周波数割り当て、番組の多元性の監督などの重要な決定は、評議会、放送委員会などとよばれている合議体でなされている。この合議体のメンバーは、州法の定めに従って、宗教団体・消費者団体・事業者団体・自然保護団体・政党代表などさまざまな社会的グループの代表によって多元的に構成されている。二〇〇八年、この州監督機関が共同して、全国向け放送の免許と番組基準違反の制裁措置の決定などの監督を行う認可・監督委員会（ZAK）を設立した。

なお青少年保護については、一九九三年に商業放送事業者が共同で設立したテレビ自主規制機関（FSF）と、州メディア監督機関の青少年保護に関する中央委員会であるKJMが共同で行っており、FSFが番組の審査とレイティングを行い、それをKJMが監督している（杉内有介「ドイツ州メディア監督機関──連邦的規制と共同規制」『放送研究と調査』二〇一〇年一一月号、七二頁）。

●フランスの制度とCSA

フランスでは、放送は戦後も国家の独占物とされ、視聴覚コミュニケーションの自由が宣言されたのは一九八二年に放送法が制定されてからだった。ただし、この自由の行使は「人格の尊厳の尊重」「思想・意見の諸潮流の表現の多元的尊重」「公共の秩序の擁護」などの制限を受けるとされた。また商業的放送の許認可と、その監督を担う視聴覚コミュニケーション最高機関（HACA）が設置され、一九八〇年代に民間テレビ局が次々に開局した。その後一九八九年法により、新たな独立監督機関である視聴覚高等評議会（CSA）が誕生し、周波数割り当て、放送免許の更新、番組の質と多元性確保の監視、仏語・仏文化の擁護、子ども・未成年者の保護などの役割を担っている。放送免許の付与の際に、CSAと放送事業者は、放送倫理などについて個別の協定書を交わすことになっている。

ＣＳＡには九名の評議委員がいるが、大統領、上院議長、下院議長がそれぞれ三名を任命し、うち一名を大統領が委員長として指名する。任期は六年である。この評議会の下に「視聴覚コンテンツの倫理」「多様性」「子ども保護」など一八の作業部会が置かれている。委員長の下には事務局があり、番組内容の監視や放送免許の審査などを行っている。ＣＳＡの職員は約四〇〇名で、予算は年間約四〇億円程度で議会の審議と承認を受けている。ＣＳＡは、法律と政令に基づいて、「指令」「管制」や改善を促す「催告」を出している。ＣＳＡの出す「指令」などの決定を覆すためには、国務院（Conseil d'État：行政訴訟の最高裁判所と法制局を兼ねる組織）に提訴しなければならない。

なおフランスで電波行政を担うのは電気通信郵便規制機関（ＡＲＣＥＰ）という別の独立規制機関である（新田哲郎「フランスＣＳＡ（視聴覚高等評議会）――放送倫理の確立／その方法と特質」『放送研究と調査』二〇一〇年一〇月号、七六頁）。

●英国の制度とOfcom

英国では受信許可料を財源とする公共放送ＢＢＣが放送を独占していたが、一九五四年に広告放送を財源とするテレビ放送ＩＴＶが設立されたことによってそれが終わった。その後、さらに放送が自由化して商業テレビ局が増加すると共に、さまざまな規制機関ができていたが、二〇〇三年に商業テレビ放送と電気通信などを管轄する五つの規制機関を統合して放送通信庁

（Ofcom: Office of Communications）が誕生した。なお英国では、地上テレビ放送は、受信許可料によるＢＢＣも広告料による商業テレビも、法律上、公共サービステレビと定義されている。

Ofcom の目的は、放送通信分野における市民の利益の促進と、競争の促進による消費者利益の促進であるとされ、周波数の最適利用保障、高品質のテレビ・ラジオサービスと放送の複数制の確保、有害コンテンツやプライバシー侵害などからの市民保護などを任務としている。最高意思決定機関は役員会で、会長・副会長など非執行役員六名と事務局長（ＣＥＯ）など三人の執行役員で構成される合議制機関である。非執行役員の選任は公募制で、任命は文化メディア担当相とビジネス・イノベーション担当相が共同で行う。インターネットや全国紙広告などで、求められる経験と能力、技能、条件などを公示し、候補者リストを作成して面接し、二人か三人を両担当相に推薦する。そのなかから一人が選択されて、任命される。任期は五年である。Ofcom には年次報告書と事業計画書を議会に提出する義務があり、予算も議会の承認事項である（中村美子「イギリス Ofcom（放送通信庁）」『放送研究と調査』二〇一〇年九月号、二六頁）。

なおＢＢＣは、一九二七年以来、国王の特許状と政府との協定書により事業の存続が認められている点で、他の放送事業者とは異なっている。番組内容の規制についても、未成年者の保護、公正さ、プライバシー保護などは Ofcom が定める放送基準（Broadcasting Codes）に準拠して行われていたが、その中の「正確さと不偏不党の遵守」の規制については、ＢＢＣの独立性を守るため、ＢＢＣ内部の監督機関ＢＢＣトラストの専権事項とされていた。しかし特許状が二〇一七年に更新され(期間一一年)、それまでＢＢＣトラストに委ねられていた監督規制をOfcomが替って担うことになり、ＢＢＣトラストは廃止された。特許状にはＢＢＣの公共的目的として、不偏不党のニュース・情報の提供、すべての年齢の国民の学習の援助、最も創造的、高品質で卓越したアウトプットなどが定められている(小林恭子「ＢＢＣ改革の行方　ＢＢＣ理事会設置、Ofcomの規制下に――ポスト受信許可料体制も視野に?」『民放』二〇一七年七月号、二〇頁、田中孝宜・中村美子「イギリスの公共放送の制度と財源」『ＮＨＫ放送文化研究所年報２０１８』一七九頁)。

欧米民主主義国における番組内容規制の実際

前項の概観から明らかなように、欧米民主主義国では、政府から独立した合議制の機関が放送・電波行政を担っており、政府の一閣僚にそれを委ねている国はない。しかし、そのことはこれらの国における番組内容規制が日本より緩やかであるということを意味するものではない。むしろ逆に、政府から独立した機関であるからこそ、特に子どもに対する配慮を怠った不適正な番組などを制裁金の賦課などによって厳しく規制している実態がある。

よく知られている例としては、二〇〇四年のスーパーボウルのハーフタイムで、ジャネット・ジャクソンの乳房を共演者が瞬間的に露出したのをＣＢＳテレビが放送した事件がある。

ＦＣＣは、子どもが見ている時間に裸体やののしり言葉のような下品なものを放送することに対するＦＣＣの規則違反だとして、五五万ドルという高額の罰金を科した。ＣＢＳは連邦控訴裁判所に提訴し、裁判所から、ＦＣＣの決定は、つかの間の下品な表現の放送は除外するというＦＣＣの適用方針に反するので、連邦行政手続き法違反であり無効だとの判決を勝ち取った。ＦＣＣは連邦最高裁判所に上告受理を申し立てたが、二〇一二年に受理を拒まれた。

ドイツでは、二〇〇八年にＫＪＭが、商業放送ＲＴＬのオーディション番組「ドイツのスーパースターを探せ！」で「寛容と尊敬という教育目的に反し、児童を誤った方向に導くような振る舞いが演出された」として一〇万ユーロの罰金を科した（前掲「ドイツ州メディア監督機関──連邦的規制と共同規制」八三頁）。

フランスでは、ＣＳＡが二〇〇四年以降すべての放送内容をコンピューターシステムにより保存しており、「子ども保護」「政治的多元性の確保」といったテーマごとのグループが、そのテーマについての各放送局の放送内容を監視している。また、メディア別のグループが各放送局の放送内容をすべてチェックしている。

二〇〇九年、報道に関する放送倫理について、十分確認しないインターネットからの映像引用による誤報、不正確な情報の報道など七六件の違反がＣＳＡによって指摘され、うち一〇件には改善がはかばかしくないときの「催告」がなされて官報に公表され、さらに二件にはＣＳ

Aの声明文を放送中に読み上げるという制裁が科された。

また商業放送のラジオ局Skyrockの看板番組「自由ラジオ」で「性の問題」がとりあげられたときに「過激な表現を使った挑発的な内容」で「時に暴力や女性蔑視を支持する内容」であったとして二〇〇六年一月に五万ユーロの金銭制裁が科され、その後も「性的体験を露骨で、詳細で、陳腐な方法で描写した」として二〇〇八年に二〇万ユーロの制裁が科された。Skyrockは国務院に制裁の差し止めを求めたが、国務院はCSAの制裁は妥当だと裁定した。

フランスでは、放送における仏語・仏文化擁護のため、放送法に「クォーター制」(量的規制)が規定されている。映画作品ではヨーロッパの作品が六〇%以上、フランス語の作品が四〇%以上、ラジオのポピュラー音楽放送のうちフランス語作品が四〇%以上なければならないなどとされているのである。しかもこの量的規制を遵守しているかどうかは、CSAにより、コンピューターシステムに記録された番組をチェックして実際に積算され、達成率は、各放送局別に公表される。二〇一〇年にCSAは、ある地上デジタル無料局の一年間のヨーロッパ映画作品の放送割合が四九・二%だったとして、七万五〇〇〇ユーロの賦課金を課した(前掲「フランスCSA(視聴覚高等評議会)――放送倫理の確立/その方法と特質」八五頁)。

日本の制度との比較

二〇一六年四月、言論と表現に関する国連特別報告者デイヴィッド・ケイは、政府の招きで日本を訪問して、官民の関係者をインタビューしたあと、二〇一七年六月に国連人権理事会に正式な報告をした。結論としてケイは、政府の介入の法的な根拠を除去してメディアの独立性を強化するために、放送法四条(番組編集準則)を見直して削除するよう勧告した。そしてそれと一緒に放送メディアの独立した監督機関の枠組みを検討することを提案した。

ケイは、その理由として、放送の監督は独立した第三者機関が行うものとするのが国際的な標準であるのに、電波法七六条が放送法違反に対して総務大臣に三カ月以内の停波の権限を与えていることを指摘し、この制度的な枠組みが、メディアの独立と自由に対する過剰な制約の法的基盤となりうるとした。さらにケイは、独立した監督機関がないことにより、政治的にセンシティブな問題の調査を行うメディアに対する政府の干渉の可能性が潜んでいると指摘している。

ケイの見解は、放送・電波行政は政府に委ねず、政府から独立した第三者機関が行うことが国際的な標準となっていることから見れば当然のものだろう。確かに、放送・電波行政を政府が直接行うのでは、権力監視をその最も重要な機能としている放送メディアが、その機能を発揮できるのかという根本的な問題が生じてしまうし、放送免許の更新や停波処分などの権限を背景とした、政治的な要求による番組内容へのさまざまな態様による介入を防止できない。しかも日本の場合、放送の規制の根拠とされる放送法四条の条文が、あまりにも漠然としていて、欧米のように明確なコードとなっていないという、さらなる問題がある。欧米民主主義国の常識的理解によれば、たとえば「政治的に公平であること」という曖昧な法文の解釈と具体的な適用を政府に委ねることはまったく不適切なのである。それでは政府の都合に合わせた恣意的な適用を防止することができないし、逆に放送メディアの側が、どのようなときに放送法違反とされるのかを知り得ないため、政権の意図を忖度し、あるいは萎縮して自己規制するようになることが避けられないからである。

それゆえに、放送・電波行政をかつての電波監理委員会のような独立行政委員会の手に委ねるべきだという声が何度か上がった。二〇一九年の参議院議員選挙でも、一人区の野党統一候補の「共通政策」のなかに、「放送事業者の監督を総務省から切り離し、独立行政委員会で行う新たな放送制度を構築すること」という一項があった。

しかし、日本の放送法制研究の第一人者である鈴木秀美慶應義塾大学教授は、制度としてはその方が良いとしつつも、日本では独立行政委員会がその機能を果たす社会的条件がととのっていないので、かえって規制権限が強化されるだけになってしまうのではないかという危惧を表明されている（「〔基調報告〕通信放送法制と表現の自由」『ジュリスト』一三七三号、八六―八七頁）。

その理由は、第一に、政権交代の可能性が見えない一強多弱の長期政権の下では、委員の選任について、議会の同意や所属政党による人数制限などの手段をとっても、二大政党制の国のような相互牽制が働かず、政府の意向を反映した人事しか行われないという醒めた認識があるからである。そのことは、政府から独立した公共放送であるはずのＮＨＫの経営委員に、政権に好意的であることが知られている委員が国会の多数決による同意を得て任命され、その経営委員会で選任された会長が、後に撤回したものの「日本の立場を国際放送で明確に発信していく、国際放送とはそういうもの。政府が「右」と言っているのに我々が「左」と言うわけにはいかない」と就任会見で述べた事実が示している。独立行政委員会にとって最も重要なのは、政権からの独立性であるから、たとえば、両院の三分の二以上の多数の同意を要件とするといった、思い切った制度が考えられなければならない。

もう一つの理由は、放送・電波行政を担う独立行政委員会ができれば、欧米のように積極的な権限行使がなされて、放送の自由の範囲が狭められるのではないかという恐れを放送事業者が抱いていることである。政府から独立した行政委員会であれば、政府による言論弾圧や番組介入という非難から自由になり、より積極的に番組編集準則違反の判断がされるようになるし、欧米諸国のように、その判断の執行力を担保するために罰金や賦課金による制裁の制度もできるだろうと考えられている。この弊害を回避するためには、少なくとも、現在の放送法四条（番組編集準則）のような漠然とした規定ではなく、明確に要件が規定された準則が立法されなければならない。「善良な風俗」とは何か、「政治的公平」とは何か、「事実」とは何かが明確に定義されたうえで、それを委員会がどのように認定するのかという手続きも規定されなければならないだろう。

しかもその委員会の判断に対して、米国の連邦最高裁判所やドイツの憲法裁判所のような強力な司法権の行使が期待できるのかどうかという問題がある。日本の最高裁判所は行政に対する司法権の行使に消極的であることが知られているのである。今まで最高裁判所が放送法について下してきた判決は、すべて私人が原告となり放送事業者を訴えたものであり、放送事業者と行政の争いについては実例がなく、放送の自主性・自律性を強調するこれまでの判決が維持されるかどうかについて不安が残る。

日本政府はケイの見解を全面否定する反論を二〇一七年に国連人権理事会に提出したが、その中で繰り返し指摘したのは、放送法四条違反を理由とする制裁はいままでまったく行われたことがなく、罰金などが科されている他国に比較して、日本ほど自由な放送が行われている国はないということであった。

確かに、子どもに対する配慮から来る規制や下品な表現の規制という意味では、日本ほど自由が認められている国は少ないだろう。しかし、政治的な表現、特に政権を批判する表現についてはどうだろうか。政権をめぐるスキャンダルについての調査報道や、政府公文書や統計資料の改変・破棄の問題あるいは中韓露との外交問題についての報道や評論が、その重大性を真に理解できるような深みをもってなされ、国民の知る権利を十分に満足させたと言えるのだろうか。そこに、政府が放送を規律する特異なシステムのもたらす歪みが反映されていないと断言できるのだろうか。

日本の放送制度は、少なくとも放送法の立法当初は放送事業者の自主・自律が尊重されるように創られた。一九五〇年の放送制度の開始以来、政府が停波処分や免許の不更新の権限を一度も行使したことがないことも事実である。だが、一九九三年以来、椿発言問題を受けて、放送法四条の番組編集準則は法規範として強制されるものであり、一番組でも違反すれば電波法七六条による停波処分などの制裁対象になりうることが明示的に政府の解釈として示され、それが、高市総務大臣の国会答弁からも明らかなように、厳然として維持されている。しかも椿発言問題のとき、政府はテレビ朝日の放送免許更新を条件付きのものにした。このことが放送事業者の経営陣に与えた影響は大きいだろう。

また、やらせセックスリンチ番組事件（八四頁）をきっかけに一九八五年に始まった番組内容についての行政指導は、二〇〇四年以来、番組編集準則違反を理由として明示するものとなった。これは建前としては、放送事業者に任意の履行を促すものであり法的拘束力はないが、厳重注意や警告をし、再発防止策やその実施状況の報告を求めていることが、果たして「行政指導」の枠に収まるものなのだろうか。しかも、電波法の放送免許の更新に当たっては、この番組編集準則の実施状況について、各号ごとの報告を求めているのである。

これに対して放送事業者の側は、放送法は自主的・自律的な規制の法であり、放送法四条は法的規範ではなく倫理規範であるとの態度を堅持してきた。だが、それをどこまで実践してきたのかについて疑問がないわけではない。自主・自律の制度の核となるべく法改正で創設された番組審議会を、強力な内部監督機関として育てるような運用をしてきたのであろうか。外部に第三者機関を作ったのも、政府の規制を防止するためのやむを得ない手段として行ったのであって、自発的な行動とは言いがたいのではないか。何よりも、放送法四条は法規範ではないという主張とまったく矛盾するはずの政府の行政指導を、異議を唱えることなく受け入れ続けてきている。

これは、国民にとっては、その知る権利が果たして十分に保障されているのか不安になる事態である。その焦点となっている番組編集準則（放送法四条）は、法規範としてみれば、あまりにも曖昧で広汎に過ぎるものとして、違憲無効であると言わざるを得ないが、あくまでも自主的・自律的に遵守する倫理規範としてみれば、放送ジャーナリズムが当然その基本的な前提としてしかるべきものである。そうすると、まず必要なのは、番組編集準則（放送法四条）が、法規範ではなく倫理規範であることを政府が明確化することであろう。一九九三年までは政府もそのように解釈・運用してきたのであるから、その時点に立ち返れば良いだけのことである。放送法四条の実現と具体化は、放送事業者が番組審議会の意見を尊重して自主的に策定する番組基準に委ねられており、電波法七六条による規制の対象ではないことと、放送法四条に関する実績は放送免許更新の際の審査の対象としないことを、総務大臣が国会で宣明すれば事足りるのである。

もちろんこのような法解釈の再変更を実現させるためには、放送事業者が積極的に働きかけなければならない。その際有効なのは、自主的・自律的な規律が、政府の行政指導や停波処分の威嚇より、適正な放送規律の実現に実効性があることを示すことであろう。まず、放送法によって設置されている番組審議会を、番組内容の自律のための内部監督機関として高度な機能を発揮できるものとすることが必要である。またＢＰＯが、放送事業者に適切な意見を述べることにより、関係者の誰もがその権威を認める外部の第三者機関としての信頼を獲得していけるよう、人的・物的な機能強化に努めるべきであろう。具体的な方策はさまざまであろうが、いくつかの方向性は番組審議会の項(一五四―一五六頁)とＢＰＯの項(一九六―一九八頁)ですでに述べた。何よりも必要なのは、放送事業者がそれに本音レベルでコミットすることである。それがあってはじめて、視聴者も、政府ではなく、放送事業者による自主・自律の制度こそが、自由でかつ適正な番組内容を実現させることを理解して支持するであろう。

おわりに　放送の自由のこれから

安倍官邸案の意味するもの

日本の放送制度についての議論の主要テーマは、放送法四条の番組編集準則をめぐるものだった。だから、二〇一八年に突然明らかになった、番組編集準則はおろか通信とは異なる放送制度上の規制をすべて廃止しようという安倍内閣の動きは、関係者にとって驚天動地の事件だった。政府は、それまで番組編集準則の法規範性と電波法七六条による停波処分の可能性を強調して、それは倫理規範にすぎず停波処分の対象とならないと主張する放送事業者や放送制度研究者に真っ向から対決する姿勢をとっていたから、突如として処分の根拠となる法規の廃止を打ち出したことは、まさにちゃぶ台返しだったのだ。

これが官邸主導の改革案で、政府内で十分に検討されたものでなかったことは、総務大臣が国会で放送法四条廃止について消極的な意向を表明したことからも明らかだ。しかし、民放各社社長の反対表明、新聞各紙の一致した批判などから、日の目を見ることもなく撤回されたこの改革案について改めて考えてみることは、放送の自由の将来を占ううえで、必須の作業と言ってよい。

なぜなら、この案は、一方で、安倍政権にとっての政治的必要から用意されたと見られているものであるけれども、他方で、それは「放送と通信の融合」の行き着く先を提示した政府案という側面があるからである。

放送制度の将来は、二つのスパンで考える必要がある。一つはまだVHF・UHFなどの電波を使用した地上放送がテレビ放送の主流である時期であり、もう一つはその先に来ることが予測されている電波からインターネットへの転換が進んで伝送路による区別が消滅した「放送と通信の融合」の時代である。そこでまず、地上放送が主流である時代について先に考え、ついで本格的に「放送と通信の融合」が実現した将来についても予測することにしてみたい。

地上放送が主流である時代は、当面揺らぐことはないであろう。すでにテレビ塔やマイクロ波回線などの送信設備に多額の資金が投じられ、また各家庭にその受信用のテレビ受像機が普及しているという現実がある以上、そこからの変化には時間がかかるからである。そしてその間は、周波数帯の調整と割り当て、電波法の許可とその更新という電波行政が必然的に継続する。

安倍官邸案が画期的であるのは、電波法による規制が継続している現状を前提としながら、内容規制のないインターネット通信と一致させるため、放送内容についての規制はしないとしたところにある。しかしそれを「放送の自由」に政権がコミットしたものであるとは評価できない。それまで番組編集準則違反に対する電波法の停波処分に固執してきた実績からの転換が、所轄官庁の総務省を含めた場で検討されたわけではないからである。

「はじめに」で紹介したとおり、この改革案検討・策定の直接のきっかけとなったのは安倍首相のインターネットテレビ出演であり、そこで政治的公平性の制約を受けることなく主張を展開できたことであると言われている。そこから考えると、この改革案が用意された理由は、政治的公平性を含む番組編集準則の縛りが、安倍首相が実現しようとする政策を推進するためにはもはや邪魔な存在でしかなくなったと認識されたということだろう。二〇一四年の衆議院選挙に際して、自民党は番組編集準則を根拠に、各放送局に対して細部にわたる公平な扱いを要求していたが、現時点では各放送局の自由に任せても心配がなく、かえってその方が有利になるという見切りがされたのであろう。安倍首相がそのライフワークとするのは憲法改正であるが、その発議から国民投票に至るまで、番組編集準則がない方が都合がいいと判断されているということである。

また安倍官邸案では、公共放送であるＮＨＫだけは、放送内容についての規制を残したまま、存続させることになっていたことにも注目しなければならない。これは、総理大臣の経営委員任命権と国会の予算承認権があれば、ＮＨＫを十分にコントロールできるという認識があるからであろう。一方、放送内容を自由化された民放が商業放送に純化して公共性を失うことになれば、NHKの放送内容を公共性の見地から批判し牽制する放送がなくなることになる。

安倍官邸案が撤回されても、その認識の根底にあった現在の「放送」についての政権の評価が意味するものは重大である。なにより、安倍首相は憲法改正を政権の課題の第一に掲げ続けているのであり、その国会での発議およびその後の憲法改正国民投票に際して、NHKを含む「放送」が、どのような役割を果たすのかが問題になるからである。それを考えるためには、まず「放送制度」の存在意義をもう一度確認し、それが現在どう機能しているのか、あるいは機能していないかを検討しなければならない。

「放送」は何のために存在するのか

「放送」という制度が法律で整備され運用されなければならない理由を考えるためには、まず「放送」メディアのもつ他にない特性から出発するほかない。それは、全国的な規模で、すべての視聴者に、強い影響力を発揮できるコンテンツを常時かつ即時に送ることができるということである。その特性により、「放送」は、それをどう使うかによって大きな違いを生み出す力をもっている。それを悪用したのがナチスであり、日本の軍国主義国家体制であった。

この過去をふまえて、現在の西欧諸国では放送・電波行政の政府からの独立が標準的な制度となっている。もちろんそれは、多様な情報と意見が、政府の意向と関わりなく放送により国民に伝達され共有されることが、過ちを繰り返さないために必要だという共通の認識をふまえてのことである。ドイツ連邦憲法裁判所は、社会に存在する意見をできるかぎり幅広く、取りこぼしなく反映することや、社会に存在する情報、経験、価値態度、行動規範の多様性を伝えることが、放送がもつ、民主主義的秩序と文化的な生活にとっての本質的な機能であるとしている。フランスの一九八六年放送法は、視聴覚コミュニケーションの公共部門の役割を、「公衆に、多様性と多元性、高品質とイノベーションの追求、憲法に定められた個人の権利と民主主義の原則の尊重を特徴とする番組やサービスの総体を提供する」ことと規定している（新田哲郎「フランスの公共放送の制度と財源」『ＮＨＫ放送文化研究所年報２０１８』二〇三頁）。

つまり、放送には、国民の知る権利に奉仕し、その結果社会で多様な情報と認識の共有を実現させ、意見交換の基盤を作ることで民主主義を機能させる、という役割が期待されている。日本の放送法も「放送が健全な民主主義の発達に資するようにすること」が法の目的だと宣言しているが、まったく同じ趣旨である。

「放送」は国民の知る権利を満足させているか

それでは、日本の放送の現状は、民主主義の発達に資するものになっているのだろうか。放送と通信の融合の時代にあっても、法律で特別な扱いを規定して残存させるべきものであると言えるのだろうか。

すぐ念頭に浮かぶのは、第3部（一五七―一五九頁）で紹介した「ニュース女子」沖縄基地問題特集の事案である。制作会社が制作して、インターネットで配信すると共にTOKYO MXに依頼して放送させた番組であるが、沖縄の米軍高江地区へリパッド建設に対して「過激な反対運動」が行われていると報じた。しかし、抗議活動参加者に日当を出している疑いがあると指摘した人権団体に対する取材もせず、抗議活動の現場にも行かず、「過激な反対運動」の証拠とされた、現場に出動する救急車を止めたというインタビュー内容の事実確認もしていないというものだった。

この番組についてTOKYO MXの番組審議会は、現地で多角的な視点での追加取材をしたうえで番組制作をすることなどを局に要請した。BPOの人権委員会は人権団体共同代表者に対する名誉毀損を認め、放送倫理検証委員会は重大な放送倫理違反があると認めた。その結果、この番組は「放送」の世界では見ることのできないものとなったが、インターネットではいまだに視聴することができる。これは、インターネットには「放送倫理」という自律がないため、事実であるとは言えない情報もテレビ番組の形を取って堂々と流されているということを示している。インターネットだけを見ている人は、いまだに、沖縄では米軍基地反対運動には日当が支払われていて、現場出動した救急車まで止めるような過激な反対運動が行われていると認識しているのであろう。

ただし注意しなければならないのは、この事例は、放送以前に放送局自身がチェックすることはできず、自社の番組審議会と第三者機関に指摘されてはじめて誤りを認めた事案でもあるということである。つまり「放送」の世界には「放送倫理」による自主的・自律的なチェックの仕組みはあるが、それは、番組審議会やBPOのような客観的な意見を述べる装置があることによって、はじめて確実に機能することを示した事例でもあるのである。この仕組みが一層実効的に機能するようになれば、「放送倫理」による自律の存在は、虚実取り混ぜた情報が飛び交うインターネット通信と「放送」を区別し、この制度を残存させるべき根拠となるというべきだろう。

もう一つの事例は、一放送局の誤りの問題ではない。すべての放送局に共通した、しかも民主主義にとって最も重要な、選挙をめぐる報道についての事案である。

二〇一九年七月の参議院選挙で、極めて特異な現象が生じた。二〇一九年四月に結成されたばかりのれいわ新選組という新政党が、比例区で約二二八万票、四・六%の得票を得て、二議席を獲得したのである。しかも、この新政党は、その結成から投票日まで、政見放送以外は、ほどのテレビ放送局にもほぼ無視されていた。これは、各放送局の編集方針が、公職選挙法の定める政党要件を満たさない政党は扱わないというものだったからである。

たしかにれいわ新選組は、政党要件を満たしていなかった。しかし、選挙期間中にインターネットによる山本太郎代表などの候補者の街頭演説動画の拡散で人気が急上昇し、街頭演説では新宿・品川などの駅頭に大聴衆を集め、四億円以上の献金を得ていた。しかもこの政党は、比例代表の特定枠という新しい制度を利用して、介護が必要な難病患者と重度の身体障害者を候補者として擁立していた。主要な政策も、消費税廃止を所得税や法人税の累進増税で実現させるという思い切ったもので、日本にもヨーロッパのような本格的左派ポピュリスト政党が誕生したと思わせるものだった。

つまり、この新政党とそれが行った斬新な選挙運動は、社会的な新現象としてニュースヴァリューがあるものであり、それを伝えるかどうかの判断は、社会に存在する重要な現象をあまさず伝えるという放送の責務に関わることであった。しかしテレビ局は、それぞれの局が情勢に応じた独自の判断をすることなく、政党要件の有無という形式的な基準を最後まで優先するという方を選択した。

二〇一九年の参議院選挙は、投票率が二四年ぶりに五割を切り、低調な選挙だったと評されている。しかし、その一因は、政党要件の有無という形式的な要件にとらわれて、現に起こりつつある重要な現象を伝えなかった放送にもあるのではないか。政党要件は放送の可否を決めるための基準ではないのに、どの放送局も実質的な判断を放棄したように見えたこの選挙についての放送は、放送が国民の知る権利を十分に満足させているのかどうかに疑問を抱かせるものであった。一方、インターネットの世界では、この党の多くの街頭演説の動画が掲載され、それを見た人がさらにリツイートで支持を拡大させるという現象が起こっていた。これは、言論の自由が完全に保障され、誰でも自由に発信できるインターネットの世界の、「放送」に対する優位性を示した事例と言うべきであろう。

憲法改正国民投票についての放送はどうなるのか

安倍首相が憲法改正について強い決意を示している以上、近いうちに憲法改正の承認を国民に問う投票が行われる可能性がある。日本の将来を決めることになる最も重要性を持つ国民投票であり、それがどのように実施されるのかは、日本の民主主義の究極の姿を示すことになる。では、「放送」は、どのような役割を果たすべきなのであろうか。

憲法改正国民投票について定めた「日本国憲法の改正手続に関する法律」では、放送事業者は、国民投票に関する放送については番組編集準則の規定に留意するものとするという規定がある(一〇四条)。心配されるのは、この番組編集準則の留意について、特に政治的公平性の条項について、放送事業者がどのように解釈するかである。

そこで参考になるのが、英国のＥＵ離脱の可否についての国民投票の際にＢＢＣが行った対策である。なおＢＢＣは英国の公共放送であり、以下の紹介は、あくまでＢＢＣ自身が行った報道と評論・解説についてのものである。

ＢＢＣは公共放送として impartial(不偏不党)であることが義務づけられており、賛成・反対の両派から厳しく監視される立場にあった。ＢＢＣは国民投票における不偏不党性を確保するために、まず詳細なガイドラインを作成して公表した。この中で、国民投票報道における「しかるべき不偏不党性(due impartiality)」は、「必ずしも単純に数学的な公式やストップウォッチを使って実現できるものではないが、2つの選択肢がある国民投票においては、両者のバランスを適切に取る報道を目標にしなければならない」とした。

国民投票が行われた二〇一六年までＢＢＣ政治番組総責任者であったスー・イングリッシュは、それは「争点において幅広いバランスを達成する」ということであり、「議論の重要度やインパクトの強弱、事実関係の確認、残留派、離脱派だけでなく全角度から幅広い見解や声を聞いて判断しなければならない」と解説している。このガイドラインの枠内で、「あらゆる創造的な自由度が与えられ、独立性を保った取材をし、両サイドの政策を厳しく精査して公平な報道をすることができる」のである。またＢＢＣは、リサーチャーのチームを編成して、双方の主張の事実関係や数字をチェックする「リアリティーチェック」を行い、その結果をＢＢＣ

のウェブサイトや放送に出した。イングリッシュは「危険なことは、視聴者が正確で公平な報道を最も必要とするときに、ジャーナリストが怯んでしまう、本来の機能を発揮することを恐れてしまうということです」「経済の編集担当は、非常に難しい経済的主張の根拠を分析しようと手腕を発揮しました。つまり、双方に何分ずつ提供するのかでなく、視聴者にとって意味のあるジャーナリズムを、全体を通して発揮するということです」と述べている（田中孝宣「BBCと「報道の公平性」――BBC元政治番組総責任者に聞く」『放送研究と調査』二〇一七年六月号、二頁）。

BBCの経験が伝えるのは、国家の将来にとって重要な争点をめぐる国民投票が行われるときに放送に求められるのは、両サイドの意見を正確に偏りなく伝えるというだけでなく、国民の選択にとって重要な情報や分析を、怯むことなく伝えるということであり、視聴者に意味のあるジャーナリズムの発揮だということである。これは日本の憲法改正国民投票でも変わることはない。

番組編集準則の「政治的公平性」が要求するのは、国民投票についても表現の自由の保障のもとで編集の自由が認められる以上、形式的公平性ではあり得ず、実質的公平性である。形式的公平性であれば、「数学的な公式やストップウォッチを使って実現できる」であろうが、実質的公平性はそれでは実現できない。番組制作を担当する人々が、蓄積した知識と経験、専門的知見を駆使して、それぞれの主張の真偽や問題点を発見し、追及し、分析したうえで、どう扱うのが公平かを決め、怯むことなく放送しなければならないのである。つまりジャーナリストとしての専門性と矜持をもった判断が求められることになる。

もっとも、ストップウォッチで選挙に関する放送の公平性を図る国がある。イタリアでは、二〇〇三年に成立した「メディア・アクセス平等法」により、選挙期間中、第三者監督機関が政治家の発言時間などを計測し、アンバランスがあれば「警告」や「命令」などが出る。二〇一六年に行われた憲法改正国民投票では、公共放送RAIの「ニュースチャンネル」で、ある週の放送時間が賛成派の方に大きく傾いたとして「バランス回復命令」が出され、翌週は逆のバランスとなった。イタリアでこのような制度が採用されているのは、ベルルスコーニ元首相によるメディア支配があるため、「報道の公平性」はこのような機械的・形式的な方法でしか達成できないという認識があるからである(前掲「BBCと「報道の公平性」――BBC元政治番組総責任者に聞く」八頁)。

つまり、実質的公平性という基準は、国民の知る権利にはよりよく作用するであろうが、マスメディアが独立した判断を行うだけの力をもっていないところでは、不平等な結果を招くだけになってしまう恐れがあるということである。日本は、そのどちらに近いのであろうか。

「放送と通信の融合」の時代において「放送」の目指すべきもの

ここからは、さらにその先に来る将来についての予測もしてみよう。伝送路が光ケーブルになるなどして、放送と通信が完全に融合した時代に「放送」はどうなるのであろうか。その議論の出発点としなければならないのは、技術の進歩は押しとどめることができないという単純な事実である。

まもなく実現する5G通信(第五世代移動通信システム)は、スマートフォンやタブレットのような携帯端末による動画の視聴を飛躍的に快適にすることによって、固定されたテレビ受信機離れを一層促進するだろう。また、Netflixのようなインターネットによる映像配信のサービスやAbemaTVのようなインターネット放送サービスなど、より一層豊富な形態の動画配信を容易にする。さらにその次の時代には、放送事業者によるインターネット常時・同時配信もNHKから民間放送に広がり、もっぱらインターネットで受信する視聴者が増加していくだろう。民間放送は広告収入で支えられているので、その動向によって、どのような伝送路を使って番組を送るかを考慮しなければならなくなるだろう。そのとき視聴者は、今見ている映像が、どのような伝送経路によって端末に到達しているのかはもちろん、それが「放送」なのかどうかを、まったく意識しないだろう。

このように、放送と通信が完全に融合する未来は避けることができない。そのとき「放送」

は、何が他の映像配信サービスと違うのかを、どう説明できるのであろうか。説明することができなければ、「放送」という法制度を作って、その維持のための特別の扱いをする必要はなくなるということではないのか。

一つの回答は、政府から独立した「放送」は民主主義の基盤であり、国民の知る権利にとって不可欠である以上、なんらかの手立てによって存続させなければならないということである。政府の介入をはねのけて独立を守るマスメディアの力は、その制作現場にいるジャーナリストが、総体としてどれだけの専門的力量をもっているかということと、それを怯むことなく発揮できる環境があるのかどうかによって決定される。そのためには、ジャーナリストが巨大メディア組織の中でも、内部的自由をもつことが重要である。

内部的自由の保障の手段として、①立法、②労働協約の締結、③編集者綱領の制定、がある。このうち編集者綱領はドイツのいくつかの州で法的効力をもつものとされ、番組のスタッフが信条に反する見解を主張することを強制されたり、真実な公共性のある情報を抑制することを指示されない、とされている。

フランスでは放送法四四条が「番組制作に関わるすべてのジャーナリストは、あらゆる圧力、情報源の暴露の要求や、知らないうちにあるいは自らの意思に反して表現形式や内容が改編された番組に署名することを拒否することができる。すべてのジャーナリストはプロフェッショナルとしての内なる信念に反する行為の受け入れを拒否することができる」と定めている(前掲「フランスの公共放送の制度と財源」二〇三頁)。

「ジャーナリスト」の連帯の必要性

放送と通信の融合の時代にも残されるべき「放送」を探求してみると、現れたのは、真のジャーナリストが、敢然としてジャーナリズムの精神を発揮するような放送であった。放送の自由が保障されているのは国民の知る権利を満足させるためであることから考えれば、当たり前すぎる結論であるが、問題は、現在の放送が、そのようなものになっているかどうかに疑問をもたざるを得ない事例があることだろう。

その現状を打破するために、日本では、まずさまざまな形でジャーナリストが連帯する組織を作ることから出発しなければならないだろう。国連特別報告者デイヴィッド・ケイは、日本のジャーナリストが大企業に終身雇用される社員であり、その組合も他の国のような企業横断的な職業別組合でないことが、マスメディアの独立性を弱くしている要因だと指摘している。彼は、多くのジャーナリストと面談したが、その多くが経営側からの報復を恐れて匿名を条件にした。面談の対象として選択されたジャーナリストであるから、それなりの地位と評価を勝ち得た人であろうと考えられることからすると、いかにジャーナリストがその内部的不自由を自覚せざるを得ない環境に置かれているかを示すものと言える。

さまざまな条件を考えると、ジャーナリストの職業別組合の結成には困難があるだろうから、それだけにこだわらない組織化が工夫されなければならない。そのような連帯の実質化があってはじめて、政府の有形・無形の圧力やその意向を忖度する経営側の思惑をはねのけて、真のジャーナリズム精神を発揮する「放送」が実現していくのではないか。またそのような連帯の力があれば、政権のスキャンダルをスクープした記者がなぜか報道の現場を外されるような事態が発生したときに、経営側と闘うことができるのではないか。そしてそのときこそ、「放送の自由」が本当の意味で実現し、国民の知る権利を満足させるという公共的使命を達成できるのではないだろうか。

「放送」は生き残れるか

多分読者は、ここまでの議論で「放送」に求められる最も基本的な条件の検討が欠落していることに気付かれているのではないかと思う。それは視聴者から求められる「放送」でなければ、事業として成立しないという、極めて当たり前の前提である。

これはコマーシャル収入に依存する民間放送では自明のことであり、そのために視聴率第一主義が支配しているのである。しかしＮＨＫもこの要素から自由ではない。受信料は受信契約がなければ徴収できないのであり、そのことは最高裁判所の大法廷判決の後も変わっていない。テレビ受信機(ワンセグ携帯を含む)を所有しているのに契約を拒否する者に対して契約の意思表示を強制する判決が得られるようになったというだけである。将来放送と通信が融合して、テレビ放送受信機はもたず、もっぱらインターネットを通じて放送を受信することの方が一般的になったときに、インターネットを通じてのみNHKを視聴しようとする人は、どう扱うのであろうか。スクランブルをかけ、受信契約をしないかぎり視聴できないことにすれば、受信契約率は低下して、NHKは有料放送チャンネルの一つにすぎなくなる。これはNHKが公共放送ではなくなるというに等しい。

ドイツとフランスではすでに、受信機の所有や受信の有無にかかわらず世帯ごとに公共放送維持のための負担金あるいは負担税を課す制度ができている。これは、公共性のある放送を支えることが国民の利益であるという大多数の合意があるからであるが、NHKがそのような公共性をもった放送であるのかどうかがそのとき改めて問題になるのである。

民間放送は、通信との融合の時代でも、娯楽番組に徹して視聴率を高めることで広告料収入を確保することができるであろう。しかし、そのような放送は公共性のない商業放送であり、それを法制度で区分して特別に扱う理由はなく、市場原理にすべてを委ねればよいということになりそうである。つまり国民の知る権利に応える報道と評論という公共的機能を残すという選択を自発的にする局だけが「放送」制度の枠内に残りうることになる。

一方NHKは、公共放送を標榜する以上、国民の知る権利に応える報道と評論はもちろん、商業放送では収益性がないとして扱われない分野の放送も行わなければならない。社会の基盤となるべき教養や文化についての質の高い番組だけでなく、視聴者が少ない日本の古典芸能やクラシック音楽、オペラなどについての番組も編成に加えるのでなければ、公共放送とは言えない。そのうえでなお、そのような放送を全国民で支えることが必要であるという合意を勝ち取らなければならないので、「放送と通信の融合」の時代に生き残るためのハードルは高いであろう。政府の広報機関にすぎないと思われているようでは困ったことになるのである。

「公共性」を残すという選択をした民間放送局も、公共放送であり続けようとするNHKも、視聴者の獲得競争で生き残るためには、総合編成のあらゆる番組で、ここを見ていれば良いものにめぐり会えるという信頼を獲得しなければならない。つまり、他を圧倒する高品質な番組を提供しなければならない。そのためには、放送番組の制作現場が才能あるクリエーターが引きつけられるような、自由な表現の場にならなければならないであろう。

あるいは、そのときにハード(放送設備の設置・運用)とソフト(番組制作など放送の事業)の完全分離が実現していれば、いいソフトを見分ける力のあるプロデューサーが必要になる。

もちろん報道と評論の番組でも、真偽取り混ぜた情報や、歪んだ主張が飛び交うインターネットの世界と明確な区別化をするために、あくまでも真実を追究し、権力の濫用を監視し、公正な評論をする放送がなされなければならない。そのために必要なのは、番組を作るジャーナリストの実力の向上による真のジャーナリズムの実践であり、ジャーナリストをマスメディア内外の不当な圧力から守るジャーナリストの連帯である。

公共性のある民間放送と、公共放送であるNHKの二元体制には、その相互の切磋琢磨と相互監視が期待できるという意味があることは確かである。たとえ法制度上の区分がなくなった後でも、そのような「公共性」をもつ放送を自発的に志向する放送局が連合して、自主的に「放送倫理」を定め、それによる自律が実践されるという未来こそ、「公共性のある放送」の残存のために望ましい。その場合、「放送倫理」の実践を監視し、逸脱を批判する第三者組織を外部に作ることも欠かせない。

こういう手段により、「放送」として区分された領域では、事実が歪められることなく伝えられ、あらゆる意見が多角的に検討され、必要な情報は力のあるものに対する怯えや萎縮なく伝えられるという信頼が生まれ、視聴者に選択されることになる。そのとき「放送」は「放送倫理」という自律を自主的に行うマスメディアとして自らをブランド化することができ、「放送と通信の融合」の時代にも生き残ることができるであろう。

あとがき

何事にもきっかけというものはある。この本の場合は、二〇一七年に「放送法の番組編集準則及びその解釈の変遷と表現の自由」という論文を、法社会学の権威である宮澤節生先生の古稀記念論文集に寄稿したことだった。資料を漁っていたところ、偶然、放送法制立法過程研究会編の『資料・占領下の放送立法』という本に出会った。この本は、一九五〇年の電波三法立法担当者が、立法過程の資料を収集・調査しようとして作った研究会の成果を一九八〇年に刊行したものである。立法過程の資料集としても大変便利なものだが、私が惹かれたのは、第二部の証言編だった。本書でも引用した緒方竹虎情報局総裁とGHQとの検閲に関する応酬や、GHQで放送法制立案を担当したファイスナー氏のことなど、まったく知らなかった歴史が生き生きと証言されていて、たちまち魅了された。しかしこのとき書いた論文では、字数の制限が厳しく、ほとんど紹介できなかったので、いつか機会があれば、放送法がどのような人々のどんな思いで作られていったのかについてもっと書いてみたいと思っていた。

放送制度は、ＧＨＱが深く関与して立法されている。ＧＨＱと行政当局の緊密な打ち合わせの下に作成され、国会に上程された第二次放送法案には、現在の「番組編集準則」はない。ただその2号から4号に当たる規定がNHKの番組内容の準則として規定されていただけである。それが議員提案で修正され、公安条項を付加したうえで、原案では番組内容についてはほぼ完全に自由だった民間放送にも適用があるものとされた。残念ながら、『資料・占領下の放送立法』には、この修正のときにどのような協議が、GHQ、政府当局と与党の間でなされたのかについての証言がない。さらに、電波法七六条に「放送法」を付加した意図は重要なのだが、それを明らかにする資料は、私の調査能力では発見できなかった。教えを請いたいところである。

本書の第一部を放送制度の歴史にしたのは、戦前・戦中の放送に対する反省と悔恨の思いの深さを知らなければ、立法の経緯もその後の変遷も、その理由を理解できないという判断によるものだが、そのおかげで、高野岩三郎氏をはじめとする信念と覚悟のある人々が、制度の始まりをリードしていたことや、戦争を直接体験した世代が去り、その記憶が薄れるにつれて制度が変遷していったことを知ることができた。放送法法制史に門外漢である私にとって、歴史の森をさまようのは楽しかったが、抜け出すのは大変で、書きすぎて、最後に大幅に削除せざるを得なくなったのが残念である。

第二部は法律論で、特に表現の自由については弁護士になって以来、事件も担当し、故芦部信喜先生の憲法訴訟研究会に参加して論文も書いているので、私の本来の領分なのだが、書くべき論点が多々あり、そのすべてに触れるわけにはいかなかった。本来、きちんと言及して出典を明らかにするべき先行業績についても、新書という性格から省略したところが多いのをお許しいただきたい。番組編集準則と憲法との関係についての解釈論を展開してみて改めて感じたのは、ひとくくりにその合憲性が議論されることが多いこの準則は、すでに論究されていることであるが、その成り立ちから言っても、1号、2号、そして3・4号はそれぞれ別物として議論する必要があるということである。

第三部は「放送倫理」の実践編で、これは私が二〇〇七年から二〇一八年までBPOの放送倫理検証委員会の委員長をしていたという経験を踏まえたものである。しかし、書くべき内容の量がありすぎて、こちらも枝葉の部分を省略せざるを得なかった。放送倫理検証委員会意見の紹介は、選んでみると委員会の第一期(二〇一〇年まで)の事案がほとんどを占めた。委員会が何をなすべきか、何ができるのかを考えながら審議していた時期であるから、先例的価値が高い事案が多くなったのは当然であるが、実はこの時期は、放送番組制作の実際とそれが抱える構造的問題の状況についてはまったくの素人であった私が、委員会で高度の専門家である委員諸氏の深く、ときに激しい議論から学んで、何とかそれに参加していった時期でもあり、個人的にも思い入れが深い。今回、私のパソコンのファイルフォルダーの中に、ある意見書のごく一部についてだが、この時期に私が書いた原案を見つけて、すっかり忘れていたささやかな貢献を思い出せたのはうれしかった。

日本の放送制度は、公共放送であるＮＨＫと公共性のある民間放送の二本立てで、その二つが共同して自主的に自律の基準を作り、ＢＰＯという第三者機関も自主的に設立して、放送倫理の適正な履行を担保しているという、きわめてユニークなものである。ポストトゥルースの時代と言われ、現実にフェイクニュースがまかり通っている現在こそ、その真価が試されているといえる。そして現在、仮に憲法改正発議がなされ憲法改正国民投票が行われることになったときに、放送メディアはどういう報道と評論をすることになるのかが、切迫した問題として浮上している。そのときこそ、放送が政治権力から独立して真のジャーナリスト魂を発揮し、公正な国民投票の実現に寄与することを、心から期待したい。

最後に、本書の刊行を実現していただいた岩波新書編集部の清宮美稚子氏に、心からのお礼を申し上げたい。また、ＢＰＯ放送倫理検証委員会で一緒に議論を重ね、調査を担当したすべての委員および調査役の方々に、そのご尽力こそが本書執筆の基盤となったことをお伝えし、感謝したいと思う。

二〇一九年一〇月

川端和治

参考文献

秋山久『君は玉音放送を聞いたか――ラジオと戦争』旬報社，2018年
芦部信喜『憲法学　Ⅲ人権各論(1)〔増補版〕』有斐閣，2000年
芦部信喜／高橋和之補訂『憲法　第七版』岩波書店，2019年
有馬哲夫『こうしてテレビは始まった――占領・冷戦・再軍備のはざまで』ミネルヴァ書房，2013年
浦部法穂『全訂　憲法学教室』日本評論社，2000年
大内兵衛・森戸辰男・久留間鮫造監修，大島清『高野岩三郎伝』岩波書店，1968年
奥平康弘『なぜ「表現の自由」か』東京大学出版会，1988年
音好宏「首相がリードした放送事業改革――報道機関への「牽制」「峻別」は続くか」，『Journalism』2018年8月号，朝日新聞出版
後藤正治『天人――深代惇郎と新聞の時代』講談社文庫，2018年
小林恭子「BBC改革の行方　BBC理事会設置，Ofcomの規制下に――ポスト受信許可料体制も視野に？」，『民放』2017年7月号，日本民間放送連盟
阪本昌成『表現権理論』信山社，2011年
斎藤貴男「再び〝帝国〟を志向する社会と政治権力者へのマスメディアの屈従――二十一世紀の「白虹事件」ではないのか」メディアの危機を訴える市民ネットワーク(メキキネット)編『番組はなぜ改ざんされたか――「NHK・ETV事件」の深層』一葉社，2006年
佐藤卓己『テレビ的教養――一億総博知化への系譜』岩波現代文庫，2019年
塩田幸司「放送の自由・自律とBPOの役割――放送番組の自主規制活動の意義と課題」，『NHK放送文化研究所年報2019』NHK出版
宍戸常寿「公共放送の「役割」と「制度」」ダニエル・フット／長谷部恭男編『融ける境　超える法4　メディアと制度』東京大学出版会，2005年
宍戸常寿「放送の規律根拠とその将来」日本民間放送連盟・研究所編『ネット・モバイル時代の放送――その可能性と将来像』学文社，2012年
宍戸常寿・音好宏・鈴木秀美・山本和彦「座談会　NHK受信料訴訟大法廷判決を受けて」，『ジュリスト』1519号，有斐閣，2018年

参考文献

宍戸常寿「番組審議会の役割と課題」日本民間放送連盟・研究所編『ネット配信の進展と放送メディア』学文社，2018年
渋谷秀樹『憲法　第3版』有斐閣，2017年
渋谷秀樹「放送の自由のために――番組編集準則の規範的性質についての覚書」門田孝・井上典之編『浦部法穂先生古稀記念　憲法理論とその展開』信山社，2017年
清水直樹「放送番組の規制の在り方についての議論――放送法における番組編集準則の規範性を中心に」，『レファレンス』789号，国立国会図書館，2016年
清水英夫『表現の自由と第三者機関――透明性と説明責任のために』小学館101新書，2009年
杉内有介「ドイツ州メディア監督機関――連邦的規制と共同規制」，『放送研究と調査』2010年11月号，NHK放送文化研究所
杉内有介「ドイツの公共放送の制度と財源」，『NHK放送文化研究所年報2018』NHK出版
杉内有介「独連邦憲法裁判所，放送負担金制度に合憲判決」，『放送研究と調査』2018年9月号，NHK放送文化研究所
鈴木秀美「情報法制――現状と展望」，『ジュリスト』1334号，有斐閣，2007年
鈴木秀美「〔基調報告〕通信放送法制と表現の自由」，『ジュリスト』1373号，有斐閣，2009年
鈴木秀美・山本博史・長谷部恭男・大沢秀介・川岸令和・宍戸常寿「日本国憲法研究第2回　通信・放送法制〔座談会〕」，『ジュリスト』1373号，有斐閣，2009年
鈴木秀美「放送法における表現の自由と知る権利」ドイツ憲法判例研究会編『講座　憲法の規範力　第4巻　憲法の規範力とメディア法』信山社，2015年
鈴木秀美・山田健太編著『放送制度概論――新・放送法を読みとく』商事法務，2017年
鈴木嘉一『テレビは男子一生の仕事――ドキュメンタリスト牛山純一』平凡社，2016年
曽我部真裕「検討課題として残された独立規制機関」NHK放送文化研究所『放送メディア研究　10』丸善出版，2013年
多菊和郎「放送受信料制度の始まり――「特殊の便法」をめぐって」江戸川大学紀要『情報と社会』19号，2009年
竹山昭子「放送――「政府之ヲ管掌ス」」南博・社会心理研究所『昭和文化1925―1945』勁草書房，1987年

竹山昭子『戦争と放送――史料が語る戦時下情報操作とプロパガンダ』社会思想社，1994年
竹山昭子『ラジオの時代――ラジオは茶の間の主役だった』世界思想社，2002年
竹山昭子『史料が語る太平洋戦争下の放送』世界思想社，2005年
田島泰彦・服部孝章・松井茂記・長谷部恭男・浜田純一「〔討論〕放送制度の将来と放送法」，『法律時報』67巻8号，日本評論社，1995年
田中孝宜「BBCと「報道の公平性」――BBC元政治番組総責任者に聞く」，『放送研究と調査』2017年6月号，NHK放送文化研究所
田中孝宜・中村美子「イギリスの公共放送の制度と財源」，『NHK放送文化研究所年報2018』NHK出版
田中正人・平井正俊『放送行政法概説』電波振興会，1960年
津金澤聰廣「〈研究ノート〉初期普及段階における放送統制とラジオ論」，『関西学院大学社会学部紀要』63号，1991年
辻田真佐憲『大本営発表――改竄・隠蔽・捏造の太平洋戦争』幻冬舎新書，2016年
田英夫『真実とはなにか』社会思想社，1972年
中村美子「イギリスOfcom（放送通信庁）」，『放送研究と調査』2010年9月号
西土彰一郎『放送の自由の基層』信山社，2011年
西土彰一郎「番組編集準則は何を要請しているか――「国家からの自由」と「国家による自由」のあいだで」，『世界』2016年5月号，岩波書店
西土彰一郎「放送法の思考形式」鈴木秀美責任編集『メディア法研究 創刊第一号』信山社，2018年
新田哲郎「フランスCSA（視聴覚高等評議会）――放送倫理の確立／その方法と特質」，『放送研究と調査』2010年10月号，NHK放送文化研究所
新田哲郎「フランスの公共放送の制度と財源」『NHK放送文化研究所年報2018』NHK出版
日本放送協会編『放送五十年史』日本放送出版協会，1977年
日本放送協会編『放送五十年史　資料編』日本放送出版協会，1977年
日本放送協会編『20世紀放送史　上』日本放送協会，2001年
日本放送協会編『20世紀放送史　下』日本放送協会，2001年
日本民間放送連盟編『民放連　放送基準解説書2009』コーケン出版

参考文献

日本民間放送連盟・研究所編『ネット配信の進展と放送メディア』学文社，2018 年
長谷部恭男『テレビの憲法理論――多メディア・多チャンネル時代の放送法制』弘文社，1992 年
長谷部恭男『憲法　第 7 版』新生社，2018 年
浜田純一「放送制度の将来像」，『法律時報』67 巻 8 号，日本評論社，1995 年
浜田純一「メディアの自由・自律と第三者機関」，『論究ジュリスト』2018 年春号(25 号)，有斐閣
原真「民放解体を目指した安倍放送改革」，『世界』2018 年 6 月号，岩波書店
放送法制立法過程研究会編『資料・占領下の放送立法』東京大学出版会，1980 年
松井茂記「放送の自由と放送の公正」，『法律時報』67 巻 8 号，日本評論社，1995 年
松井茂記『マス・メディア法入門〔第 5 版〕』日本評論社，2013 年
松田浩／メディア総合研究所『戦後史にみるテレビ放送中止事件』岩波ブックレット NO.357，1994 年
松田浩「“せめぎあい”の歴史としてのテレビ四〇年」前掲『戦後史にみるテレビ放送中止事件』
三宅弘・小町谷育子『BPO と放送の自由――決定事例からみる人権救済と放送倫理』日本評論社，2016 年
村上勝彦『政治介入されるテレビ――武器としての放送法』青弓社，2019 年
村上聖一「戦後日本における放送規制の展開――規制手法の変容と放送メディアへの影響」NHK 放送文化研究所編『NHK 放送文化研究所年報 2015』NHK 出版
村上聖一『戦後日本の放送規制』日本評論社，2016 年
村上徳「BPO 放送倫理検証委員会の更なる理解のために」，『放送研究と調査』2017 年 5 月号，NHK 放送文化研究所
毛利透『表現の自由――その公共性ともろさについて』岩波書店，2008 年
山田健太『放送法と権力』田畑書店，2016 年
渡辺康行・宍戸常寿・松本和彦・工藤達朗『憲法 I　基本権』日本評論社，2016 年

川端和治

1945年，北海道生まれ．1968年，東京大学法学部卒業．

現在―弁護士(第二東京弁護士会会員)．第二東京弁護士会会長，日本弁護士連合会副会長を歴任．2007年から2018年まで，BPO(放送倫理・番組向上機構)放送倫理検証委員会委員長をつとめる．2018年，放送批評懇談会より，自主・自律的な放送倫理の仕組みを放送界に定着させることに貢献したことに対して「第9回 志賀信夫賞」を贈られた．

著書―『雇用関係の法律常識』(日本評論社，編著)，『慰謝料Q&A』(有斐閣，編著)，『Q&Aでわかるネットビジネス法律相談室』(日経BP社，共著)ほか．

放送の自由
―その公共性を問う　岩波新書(新赤版)1810

2019年11月20日　第1刷発行

著　者　川端和治《かわばたよしはる》

発行者　岡本　厚

発行所　株式会社　岩波書店
〒101-8002 東京都千代田区一ツ橋2-5-5
案内 03-5210-4000　営業部 03-5210-4111
https://www.iwanami.co.jp/

新書編集部 03-5210-4054
http://www.iwanamishinsho.com/

印刷・理想社　カバー・半七印刷　製本・中永製本

ISBN 978-4-00-431810-1　Printed in Japan

岩波新書新赤版一〇〇〇点に際して

ひとつの時代が終わったと言われて久しい。だが、その先にいかなる時代を展望するのか、私たちはその輪郭すら描きえていない。二〇世紀から持ち越した課題の多くは、未だ解決の緒を見つけることのできないままであり、二一世紀が新たに招きよせた問題も少なくない。グローバル資本主義の浸透、憎悪の連鎖、暴力の応酬——世界は混沌として深い不安の只中にある。

現代社会においては変化が常態となり、速さと新しさに絶対的な価値が与えられた。消費社会の深化と情報技術の革命は、種々の境界を無くし、人々の生活やコミュニケーションの様式を根底から変容させてきた。ライフスタイルは多様化し、一面では個人の生き方をそれぞれが選びとる時代が始まっている。同時に、新たな格差が生まれ、様々な次元での亀裂や分断が深まっている。社会や歴史に対する意識が揺らぎ、普遍的な理念に対する根本的な懐疑や、現実を変えることへの無力感がひそかに根を張りつつある。そして生きることに誰もが困難を覚える時代が到来している。

しかし、日常生活のそれぞれの場で、自由と民主主義を獲得し実践することを通じて、私たち自身がそうした閉塞を乗り超え、希望の時代の幕開けを告げてゆくことは不可能ではあるまい。そのために、いま求められていること——それは、個と個の間で開かれた対話を積み重ねながら、人間らしく生きることの条件について一人ひとりが粘り強く思考することではないか。その営みの糧となるものが、教養に外ならないと私たちは考える。歴史とは何か、よく生きるとはいかなることか、世界そして人間はどこへ向かうべきなのか——こうした根源的な問いとの格闘が、文化と知の厚みを作り出し、個人と社会を支える基盤としての教養となった。まさにそのような教養への道案内こそ、岩波新書が創刊以来、追求してきたことである。

岩波新書は、日中戦争下の一九三八年一一月に赤版として創刊された。創刊の辞は、道義の精神に則らない日本の行動を憂慮し、批判的精神と良心的行動の欠如を戒めつつ、現代人の現代的教養を刊行の目的とする、と謳っている。以後、青版、黄版、新赤版と装いを改めながら、合計二五〇〇点余りを世に問うてきた。そして、いままた新赤版が一〇〇〇点を迎えたのを機に、人間の理性と良心への信頼を再確認し、それに裏打ちされた文化を培っていく決意を込めて、新しい装丁のもとに再出発したいと思う。一冊一冊から吹き出す新風が一人でも多くの読者の許に届くこと、そして希望ある時代への想像力を豊かにかき立てることを切に願う。

（二〇〇六年四月）

岩波新書より

環境・地球

水の未来　沖大幹
異常気象と地球温暖化　鬼頭昭雄
エネルギーを選びなおす　小澤祥司
欧州のエネルギーシフト　脇阪紀行
グリーン経済最前線　井田徹治・末吉竹二郎
低炭素社会のデザイン　西岡秀三
環境アセスメントとは何か　原科幸彦
生物多様性とは何か　井田徹治
キリマンジャロの雪が消えていく　石弘之
イワシと気候変動　川崎健
森林と人間　石城謙吉
世界森林報告　山田勇
地球の水が危ない　高橋裕
地球環境報告Ⅱ　石弘之
地球温暖化を防ぐ　佐和隆光
地球環境問題とは何か　米本昌平
地球環境報告　石弘之
国土の変貌と水害　高橋裕
水俣病　原田正純

情報・メディア

K-POP 新感覚のメディア　金成玟
メディア不信 何が問われているのか　林香里
グローバル・ジャーナリズム　澤康臣
キャスターという仕事　国谷裕子
読んじゃいなよ！　高橋源一郎編
読書と日本人　津野海太郎
スポーツアナウンサー 実況の真髄　山本浩
戦争と検閲 石川達三を読み直す　河原理子
NHK〔新版〕　松田浩
震災と情報　徳田雄洋
メディアと日本人　橋元良明
本は、これから　池澤夏樹編
デジタル社会はなぜ生きにくいか　徳田雄洋
ジャーナリズムの可能性　原寿雄
ITリスクの考え方　佐々木良一
ユビキタスとは何か　坂村健
ウェブ社会をどう生きるか　西垣通
報道被害　梓澤和幸
メディア社会　佐藤卓己
現代の戦争報道　門奈直樹
未来をつくる図書館　菅谷明子
メディア・リテラシー　菅谷明子
職業としての編集者　吉野源三郎
本の中の世界　湯川秀樹
私の読書法　大内兵衛・茅誠司

岩波新書/最新刊から

1797 **ヴァルター・ベンヤミン** ―闇を歩く批評― 柿木伸之著

戦争とファシズムの時代の危機と対峙しつつ言語、芸術、歴史を根底から問う批評を繰り広げたベンヤミン。その思考を今読み解く。

1798 **酒井抱一** 俳諧と絵画の織りなす抒情 井田太郎著

名門大名家から市井へと下り、江戸の社会を往還した琳派の絵師、抱一。マルチな才能と稀有な個性を、画俳両面から読み解く評伝。

1772 シリーズ アメリカ合衆国史③ **20世紀アメリカの夢** 世紀転換期から1970年代 中野耕太郎著

格差をはじめとした新たな社会問題に直面し、福祉国家＝帝国と化した20世紀アメリカ。冷戦が変化を迎える70年代までを描く。

1799 **日本経済30年史** バブルからアベノミクスまで 山家悠紀夫著

豊富なデータで、90年以降の景気動向を分析。時の政権による「改革」は日本経済の姿をどのように歪めたのか。

1800 **民主主義は終わるのか** ―瀬戸際に立つ日本― 山口二郎著

政権の暴走は続き、政治の常識が次々と覆されている。野党は弱いままだ。内側から崩れる日本の民主主義を立て直すことはできるか。

1801 **統合失調症** 村井俊哉著

幻覚や妄想が青年期に生じ、100人に1人近くが患う。症状、経過、他の精神科の病気との違い、リスク因子、治療などを解説する。

1802 **ミシェル・フーコー** ―自己から脱け出すための哲学― 慎改康之著

顔をもたない哲学者フーコーは、常に変化を遂げ、著作ごとに読者を新たな見知らぬ世界へと導く。その絶えざる変貌をたどる。

1803 **日曜俳句入門** 吉竹純著

新聞俳壇も、公募俳句大会も。趣味としての投句を「日曜俳句」と名づけた著者が、楽しさ、魅力、可能性を、縦横無尽に語る。

(2019.11)